寫寫字採編學堂 著　王玉萍 統籌　林靜怡 攝影

身土不二

從吃開始

尋找善待人與土地的好食物

「身土不二」源於中國的佛典。主要的意思是：我們是環境的一部分，也被環境滋養。
近代日本與韓國都曾以此作為支持本土食物的口號，台灣推動有機友善耕作的經驗也超過三十年。
從種植起就與環境友善共存，以合理價格出售、照顧消費者健康，就是身土不二的生活實踐。

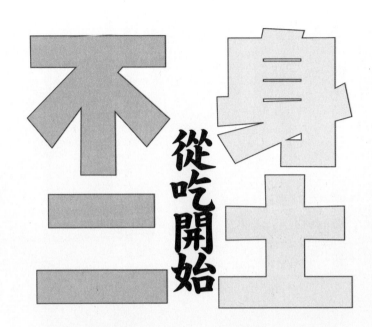

關於好食物的十個QA

每一口飯菜的背後就像一個密密麻麻的網，可以用很多角度，去認識我們都要吃的食物。

關於生產

Q 有機跟友善，有什麼差別？

A 都是在耕作上秉持：不施灑農藥、化學肥料、資源永續利用等原則。「有機」是法律上的定義，農場與產品需要經過第三方的有機驗證，可取得標章，台灣現行有十四個農業有機驗證的機構（即所謂政府與農場之外的第三方）；而「友善」則是近年才納入政府法規，稱為「友善環境耕作」，需接受由官方審認的團體輔導，但沒有驗證標章。

Q 有機友善耕作，就只是沒灑農藥嗎？

A 許多良善的小農，不論是否申請有機驗證、或接受友善環境耕作的輔導，他們對於環境的愛護比「是否驗得出農藥」還要高標準。不只不灑農藥，有的不施有機肥，更不會去傷害農田裡的小生命，允許一些作物損失，視為「共食」。

Q 小農的有機加工品，好像比有機蔬果更難買到？

A 因為「有機」是法律上的定義，所以若要掛有機標章，必須從農場、農作物、添加物，到加工廠，都通過有機驗證，對一般有機小農而言，門檻偏高。

Q 有機友善耕作的產量，是否不穩定？

A 有機友善耕作與慣行耕作相同面積的產量來比，平均會少約三至四成，但不論有沒有灑農藥，氣候好時所有農夫都會豐收，不好時都會歉收，也可說是都有穩定的產量。甚至寒流颱風等天災時，有機友善的作物因為成長較慢扎根穩健，損失還會少一些。

關於購買

Q 有機友善的食材，是否比較貴？

A 有機友善耕作的收成量較一般慣行的少，單價相對會比較高。然而因為與有機商店是簽約合作，維持穩定的價格供貨，農夫在其他通路銷售時，也會比照。曾經遇到寒流颱風等天災時，慣行耕作的高麗菜一顆高達三百元，有機耕作的卻仍維持在一百五十元。

Q 有機友善的食材，方便購買嗎？

A 傳統慣行的通路是進入行口及果菜市場批發，不會知道誰買自己的產品。但是有機友善耕作的通路多元，例如宅配、市集、長期支持型訂購等，都需要與客人接觸說明，好不好吃？有什麼當季食材？是否比較貴？如何料理？都可溝通，長期下來彼此會培養出一定的默契。即使是連鎖的有機商店，有機食材包裝上也會標示生產者的資料。對有機友善食材有需求的客人，可以尋找自己信任的農場與作物。

關於料理

Q 有機友善的食材特別好吃嗎？

A 因為沒有施化肥，養分都是從土地裡獲取，就會有所謂的「風土味」，可以吃出不同品種產地的味道口感，可說是有機友善食材的特色。

Q 有機友善食材比較貴，餐廳為什麼要用？

A 理由大約有兩個：希望外食也能吃得健康，作出風味好的料理。一碗飯成本約二元，用有機友善米則是兩倍，但在成本上是可接受的，沒有想像的那麼不可能。

Q 有機友善食材真的比較扎實？放得比較久？

A 沒有被催促長大，可說是基底扎實健康，因此也會比較耐放，風味獨特明顯。

Q 野菜天然健康但會有苦味，要怎麼煮呢？

A 阿美族食用的野菜大部份是萵苣類，帶有苦味。煮野菜的祕訣是，要先搓揉破壞纖維再煮，需要甜味時加南瓜薄片，就能煮出層次好味道。

一起寫給，想要好好吃的你

有一群人的工作與生產食物有關，他們理解：農業的目的不是大量生產，而是滋養生命。於是分別在種植、銷售與料理各領域，為生產出真實、多元、友善的食物而努力。

這本書以花蓮的實踐者為例，分享對食物與土地的想法，可以說是「與食物最相關者」的共同心聲：請大家一起來關心「吃」這件事吧！

我們越瞭解食物的來源，就越能善用選擇食物的權利。也可以透過吃，來拉近人際間的關係、重新連結與土地的感情。

食物是愛，是大地餵養我們的禮物。——優席夫（藝術家）

山上就是植物最多，如果熟悉這些知識，整座山就是你的冰箱。——蘇秀蓮（邦查有機農場）

每一次來的水果，狀態和味道都不太一樣，那是今年的土壤氣候決定的，是大自然決定的。——莊書宇（春虫冰工場）

阿美族從前能夠辨識約二百種的野菜，可是現在一般人能認出的不到三十種了。——太巴塱 Ina（太巴塱 Ina 好野味 SEFI）

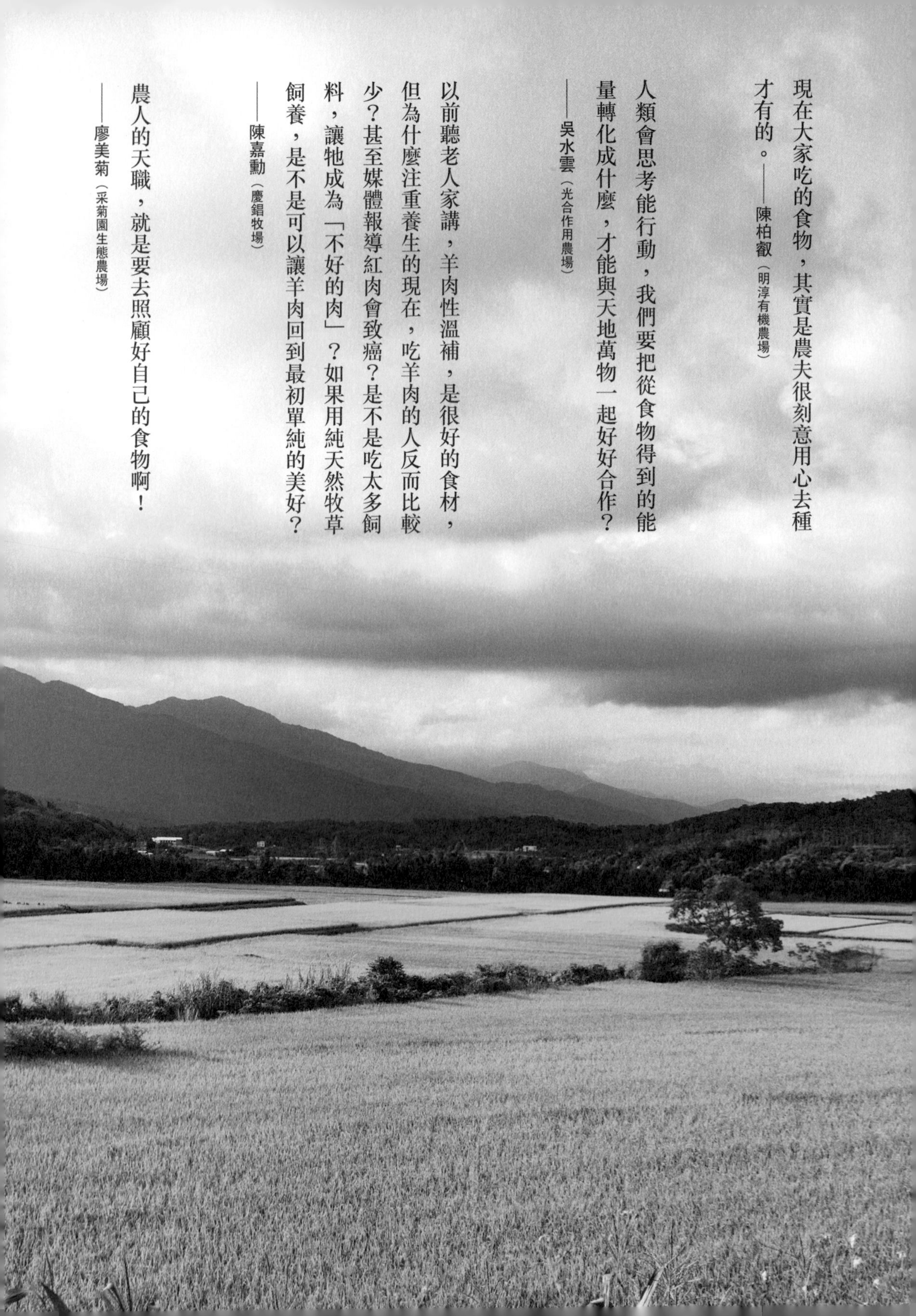

現在大家吃的食物，其實是農夫很刻意用心去種才有的。——陳柏叡（明淳有機農場）

人類會思考能行動，我們要把從食物得到的能量轉化成什麼，才能與天地萬物一起好好合作？

——吳水雲（光合作用農場）

以前聽老人家講，羊肉性溫補，是很好的食材，但為什麼注重養生的現在，吃羊肉的人反而比較少？甚至媒體報導紅肉會致癌？是不是吃太多飼料，讓牠成為「不好的肉」？如果用純天然牧草飼養，是不是可以讓羊肉回到最初單純的美好？

——陳嘉勳（慶錩牧場）

農人的天職，就是要去照顧好自己的食物啊！

——廖美菊（采菊園生態農場）

大地之母生養萬物，所以小動物們到田裡來「共食」理所當然。——鄭麗玲（光合作用農場）

有時候蟲比人類聰明，知道什麼食物是安全的。——游振葦（興瑞有機果園）

務農，是想走出一條人與自然共處的保育之路。——林佩蓉（伍GO農）

務農讓我有彈性安排時間去做其他的嘗試，過想要的生活。——黃兆瑩（伍GO農）

現在帶的體驗內容就是我的生活總和，讓大家認識順應土地而生的產業。——彭瑋翔（吉林茶園）

使用土地其實就是在掠奪環境，我想做的就是盡量把對自然的影響縮小，消費者瞭解這個理念也會比較安心。——黃彥儒（彌勒有機果園）

讓更多人瞭解食物來源很重要，才會開始重視自己和土地的關係，來吃的人都會慢慢被影響、可以逐漸被翻轉。——Kai、小夏（BOSO 飽所）

吃東西是維持生存很重要的一件事，但現在我們都很快速在解決這件事，並沒有真正享受吃飯在生活裡的意義。——趙書琴（伍佰户社區）

想要美味並不複雜，在家也可以做到。——張萱（POPOMAMA 膳糧廚房）

小孩等吃飯時會哼著傳統歌謠，也會拿剛煮好的糯米飯給老人家一起享用，我看見孩子與部落文化還是在一起的。——黃郁惠（織羅米八六團隊）

讓孩子覺得有趣，才能慢慢翻轉他對家鄉、對自己人生的想像。——蕭美珍（明禮國小）

老師和農夫對食農教育的想像，存有落差。我想要當那座橋梁。——鍾雨恩（天賜糧源）

讓留種，成為美好的日常。——簡子倫（種子野台）

透過吃，來保護土地

為什麼沒人照顧的森林可以長得這麼肥美，我們的農田卻越種越貧瘠？

科學農夫廖美菊說：保護土地也許聽起來過於沈重，其實只要做到生活中的一個好選擇，「好好的吃」就可以。

「植物、微生物、動物」三者通力合作，才能夠化育出健康的土壤。

植物製造的有機質是微生物的食物，微生物會幫植物蒐集礦物質，之間形成非常好的合作關係。土壤裡面有小小的動物會去吃微生物，這些小動物爬行擾動的時候，產生大大小小的空隙，這些空隙就像毛巾會吸水一樣，把雨水吸附住，土壤就充滿彈性不會硬掉，這就是健康的土壤團粒。

但是追求高產量大規模、單一管理，卻容易造成土壤的貧瘠與死亡。

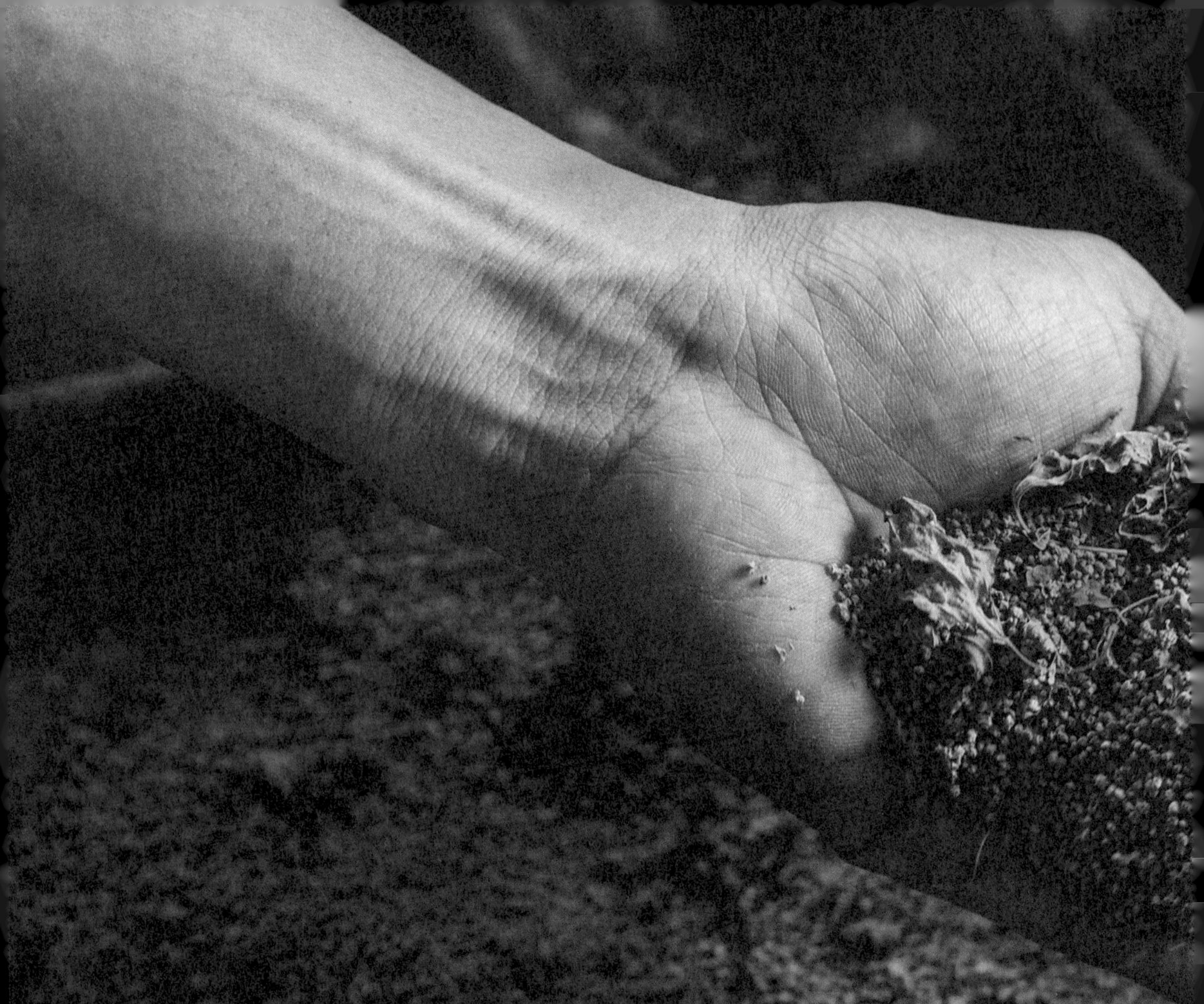

因為農人希望有比較多的生產，創造經濟收益，所以就會施肥。施肥的結果，植物有了現成的礦物質，就不分泌有機質養分去養微生物，結果土壤裡的微生物就變少，吃這些微生物的小小動物也跟著變少，所以土壤就會硬掉。

還有使用農藥，整塊田密集種單一作物，這是最容易相互傳染病蟲害生病的狀態，所以必須噴農藥。

使用殺草劑把所有草都噴死的結果，陽光照到地面時土壤會過熱，造成其中的微生物休眠或死亡。過度犁田也會傷害菌根網絡，破壞土壤團粒結構。以上的耕作方式，都會讓土壤退化、逐漸貧瘠。

友善耕作以效法森林的方式經營農場，雖然要投入較多心力，卻能與生態共存。

所以好好的吃、選對的食物吃，很重要；採購友善土地的小農種出的健康食物，就是在支持小農去做對的事，就是透過吃來保護土地。

目次

種植

順應天地，滋養生命

銷售

大地禮物，全力以赴

料理

好好的吃，也是保護土地

種植

順應天地，滋養生命

樸門永續生活設計

照顧地球、照顧人、分享多餘

采菊園生態農場

文字——吳佳儒

「這是我生平第一次舉手說要做！也還好有舉手，後面的好事才會發生。」廖美菊說。二〇一八年政府開始推動友善環境耕作的政策，她鼓勵「花蓮樸門永續生活協會」的夥伴一起抓住這難得的機會，成為花蓮目前三個審認單位之一。以樸門永續生活設計為基礎，無化肥、無農藥，更在乎生物多樣性與資源運用。擔任審認單位召集人的她說：「農人友善環境，土地被照顧好了，人就會加倍安全！」

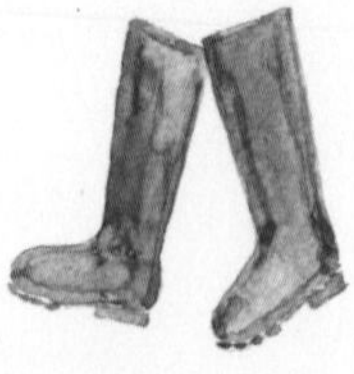

我要靠你們去告訴別人，吃過就知道不一樣。你們要好好努力長大知道嗎？——廖美菊

沿著小徑走進采菊園，放眼望去沒有大面積的農作物，滿是花草乍看貌似凌亂了些，走近才發現鳳梨、山蘇、薑科植物，像是各有生活領域一般隱身其中。最顯眼的是鳳梨！壯碩粗大的枝葉像是在伸懶腰般綻放，和諧地與被農夫視為雜草的咸豐草比鄰而居。

花蓮高中生物老師退休的廖美菊，經營一座近三公頃的實驗農場，透過長期實作與觀察，推動符合亞熱帶生物多樣化的自然農法。「我的工作就是把長得很高的草踩下去，草踩彎成厚厚的一層，底下的照不到陽光就會爛掉，養分就會送給土壤。上面的草不久又會自己轉彎，長起來行光合作用，把陽光都轉換成養分，去滋養土地。所以我這個地方的特色，就是雜草很多。」她透過改變處理土壤方式、種植多樣性作物，證明了自然農法能讓土壤肥沃，產出健康又滋味豐富的食物。

「我種東西的第一個原則就是，所有我想吃的都種，再從中找適合發展的。第二個原則是種類要很多，生物多樣性越高，生態平衡效果越好。例如，桃子李子很好吃，但是很難照顧，我就種一點點。鳳梨很好吃又不會太難照顧，就多種一點變成經濟作物來賣錢。各種柑橘類的，像是檸檬、柳丁、椪柑、金桔、金棗都有種，加工就能吃一整年。」

往農場裡頭走，還有枇杷、梅子等各樣的果樹，廖美菊與夥伴來清理枇杷葉面上的苔蘚、枯萎的花瓣，減少病蟲寄生機會，摘除受傷的、保留健康的果實，套袋後等待慢慢成熟。不時見到小蝸牛、蝴蝶、蜜蜂，充滿生機。「以前還不只這樣！早期生態非常豐富，到處都是青蛙。但後來在我上小學以後，農夫們開始大量使用農藥，很多生物就逐漸消失……。」

這座有別於一般農場的采菊園生態農場，是廖美菊的生態教學基地，也是友善環境耕作審認的示範農場。農家子弟出生的她從小在田野間長大，生物老師退休後持續推動生態教學。十多年前認識了樸門維護生態多樣性的理念「照顧地球、照顧人、分享多餘」，正好與她「志同道合」。

「樸門永續生活設計」是一九七〇年代澳洲生態學家比爾莫利森（Bill Mollison）、大衛霍姆格倫（David Holmgren）等人提出的一套生態設計方法。有感現今環境遭受破壞，大量的農藥與肥料使用造成生態失衡，以「永續農業與生活」為目標，結合了部落文化、自然生態、農業、能源等不同領域知識而設計，應用於菜園、農田，甚至社區。透過規劃空間、系統性分區管理、種植多樣作物，形成較穩定的環境，讓四季都有收成，就能維持農業生產與健康生活。

樸門歸納出一套遵循大自然的運作法則，但因為各地栽種經驗、土壤質性不同，仍需要花費時間去消化實踐。廖美菊笑稱自己是個農人科學家，「我的觀察力跟思考力在農場裡都用上了。我就是不斷地犯錯，比如種錯位置、估錯人力，花了很多時間在認識這塊土地。」即使是生物老師在實踐過程中也深感不易，但只要等到土地復甦，作物便回頭照顧了土地與人，還能有所收益。

「給作物很乾淨的土壤與環境，它們會依照自己蓄積的養分，結出適合大小的果實，誠實地反應真實風味。我的鳳梨不只甜美，風味還非常地有層次！一吃就上癮。」廖美菊曾經因為過於忙碌，沒有時間好好照顧農場，考慮要放棄時，聽到老顧客回饋實在太喜歡她的鳳梨。受到鼓舞後，她決心要好好種鳳梨，「農人的天職，就是要去照顧好自己的食物啊！它們才會把我照顧好。然後我透過給別人食物，又可獲得別人的

其他服務啊！所以我一定要做一個非常誠實的農人。」

廖美菊驕傲地說：「就像星探一樣，我也是個農場探！」例如采菊園對面有一位老先生的農田無噴藥與施肥，就邀請他加入第一階段的樸門轉型期「照顧地球」，逐步邁進下一個「照顧人」的階段。至今已審認八個農場，總共擴大了十四公頃的耕作面積，並逐一做為樸門示範教學區。「現在還在撒種子的起步階段，有了政府倡議支持，就要持續地推動。」花蓮樸門永續生活協會不定期開設培訓課程，讓有興趣的農人來學習，其中不乏半路轉職來的農友。協會也舉辦食農體驗行程，讓更多消費者進到農場參訪，認識環境永續的重要性，並建立友善的產銷管道。

「我還有一個目標，是希望人們來參與，把環境變友善。」廖美菊持續在田間做生態教學多年後，二〇二〇年在市區的自家旁規劃一處新的濕地生態農場。田地被過度噴藥與施肥造成生態破壞、地力衰竭怎麼辦呢？她說：「我就一塊一塊的，陪大家慢慢把地養回來。」首先，盤查這塊地各式的原生種，也就是所謂雜草，拔除量較多的種類，其他留下來，作為日後需要遮蔭作物的天然保護傘；再來種些比較天然好種的作物，如地瓜葉、紅鳳菜等，種起來有成就感又能養地。而容易被鄰田噴藥影響的邊界，就種些觀賞用花草做隔離帶。

這個社區濕地生態農場的路邊溝渠，還有小魚、小蝦藏在水草間自在悠游著。「這水是從奇萊山流下來的，得來不易，但人們破壞時並不曉得自己影響深遠。我希望這些關聯性，透過社區濕地生態農場的建立，可以慢慢被理解。」所以，遇到社區的人關心注意、朋友好奇詢問時，廖美菊說：「有興趣就都來吧！」在舉手以後，好事持續發生，她期許做為傳播者，傳遞友善環境與農業生態的故事。

好食推薦

檸檬鳳梨冰沙

檸檬是形容詞，鳳梨才是主角！我的鳳梨長得很開心！沒有被肥料催促長大，細胞密而結實，中間就不需要有粗粗的纖維來支撐，整顆切成一塊塊拿去冷凍，想吃時直接用果汁機打成冰沙，再加點檸檬，細膩可口香味迷人！

你知道鳳梨多棒嗎？吃鳳梨沒有殺生的感覺。一棵鳳梨結了果以後，又會長五到六個芽，切下來的芽也可以再去種，我數過最多十個芽，所以這棵鳳梨吃完，會再長出更多。—— 廖美菊

第 5 區：荒野區
野生動物生活場域，靈性探索時可由長者透過神話詩歌等引導進入。
生態廁所
第 4 區：採集區
需要時去，建築材料林等。
第 3 區：經濟作物區
偶爾去，稻田、果樹、家畜牧場等。

樸門永續生活設計（Permaculture）

Permaculture = Permanent (永久的) + Culture (文化) 與 Agriculture (農業)

樸門是以五區 (Zone) 理論來設計，依照人們生活需求的頻繁度來設計各區域的遠近距離。同心圓為示意圖，實際則會依據不同地形與工作動線做分區設計。雖然源於農業設計，終極是一種哲學。

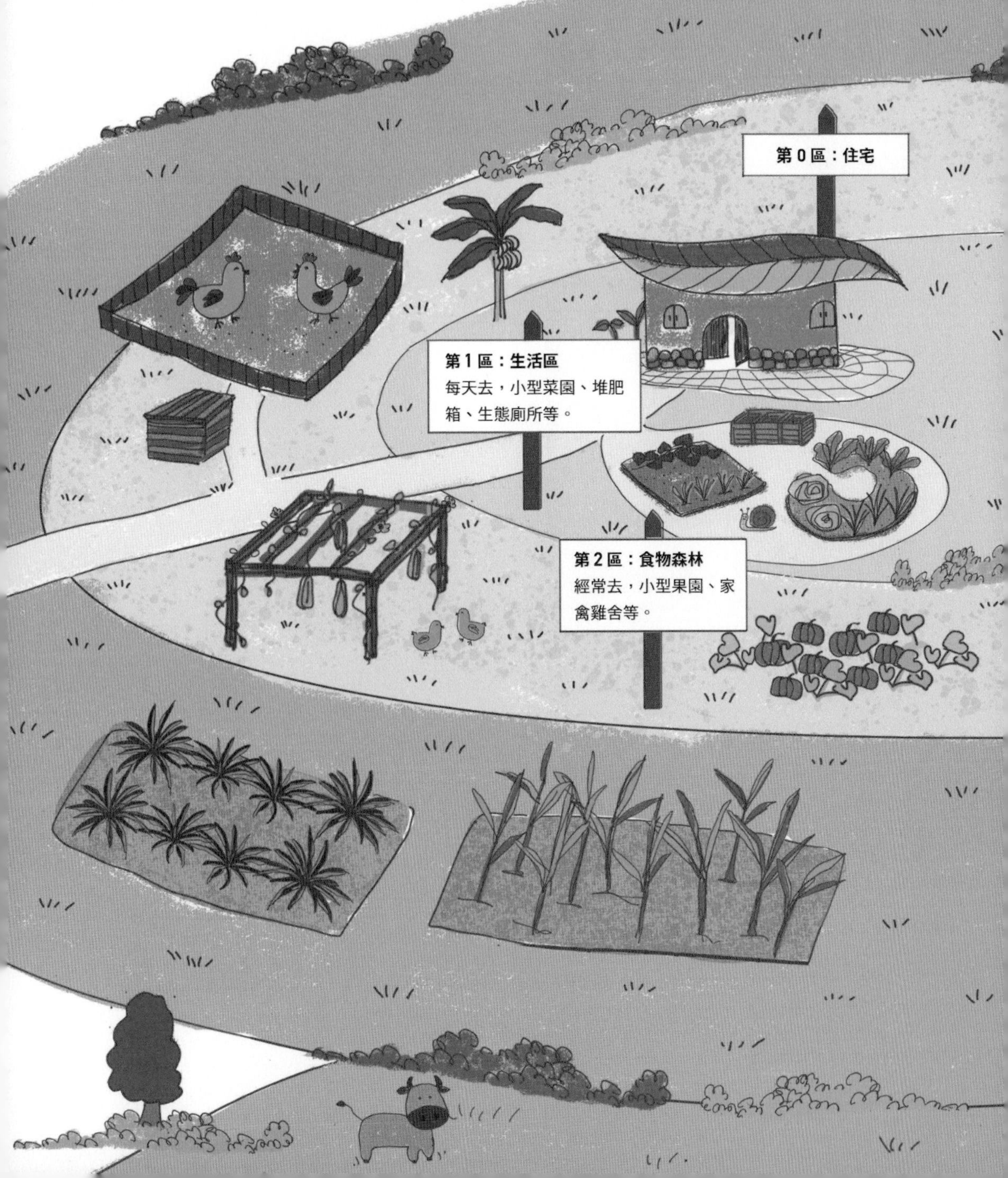

秀明自然農法
天人合一的米食文化
四季耕讀農園

文字——吳佳儒

謝謝食物，提供這麼美味的口感。
我們的紅蘿蔔，甜得就像地瓜一樣好吃！——李慶豪、劉慧芸

原本是科技與金融專業背景的李慶豪與劉慧芸夫妻倆，嚮往健康與自然生活而投入秀明自然農法，實踐十年後身心健康了、精神也跟著廣闊，慢慢理解文化傳承中「從土地到天上」的珍貴意涵。

李慶豪說：「我們想推廣米食文化的精神。」在傳統文化裡，會對遠道而來的朋友說：「來！我請你呷飯！」婚喪喜慶時以尊敬的心態把米磨成粉，做湯圓款待；祭拜時則是更高的敬意，把米釀成與無形神性連結的酒。

「這是客人分享給我們的搭配方式。」劉慧芸提起茶壺，緩緩地將溫熱茶湯倒入，冒出陣陣白煙。一顆顆潔白的湯圓光澤飽滿，看上去十分美味，小口咬下，如麻糬般細緻柔軟，接著濃郁香甜的花生醬傾流而出，溫順不甜膩，與茶湯清爽的香氣完美融合。

製作湯圓的稻米、花生都是這對夫妻栽種的。李慶豪說：「很多產品會開發出來，其實是因為家人愛吃，我就來慢慢學著做。」沒想到一做就停不下來，「四季耕讀農園」邁入第十個年頭，是花蓮目前唯一以秀明自然農法栽種的專職農家，二〇二〇年也取得米食有機加工廠的認證。

秀明自然農法是在一九三五年日本岡田茂吉先生提出「一切均有自然在教導」的農法，以尊重自然、順應自然為最高宗旨。使用落葉或枯草等天然堆肥，不使用農藥與施肥，相信土壤有足夠能量讓作物成長。因為不施肥，在作物生長初期，會需要花費較多時間讓根慢慢扎深落實，作物收成時已蓄積滿滿的土地能量。

一般認知中，有機耕作需要輪流栽種不同作物以保留地力，否則作物會長不好。李慶豪說：「以我們的經驗是不會啦！可能隔一年會比較不好，但我們自己留種的作物熟悉這塊地，產量會慢慢穩定升上來。」

初期會需要花費大量的時間來育苗，像紅蘿蔔從成長到採種育苗就要花八個月，過程中還可能發生蟲害。因為

堅持不噴藥，還需要人工撿蟲，費時又耗工。「但這個留下來的種子小孩，是完全靠大自然力量長大，習慣沒有農藥與肥料的土壤以後，就會越留越強壯！」以稻米為例，雖然植株沒有那麼高大，但長出來的稻梗卻粗壯得很，「我們觀察到它的根系比慣行農法長兩至三倍。有一年颱風過後周邊的田間作物都倒了，只有我們的沒倒！」

適時適地適種，也是秀明堅持的精神之一。如何落實？就需要長年與自然共處所累積的經驗了，面對讓農夫都頭痛的雜草，也發展出一套因地制宜的抑制方法，「早期我們也都用人工除草，但台灣天氣比日本潮濕，草相豐富，很狂野！後來觀察草相的狀況，改用換作的方式壓抑雜草。」例如水稻至少可以連作三至五年，發現雜草長得多了，再改為栽種旱作的黃豆。原先喜好水的雜草，不適應這麼乾的環境，便自動消失，就無須與它為敵了。這可是多年觀察下來，和自然習得的招數。

可別看夫妻倆如今經營有道，初來花蓮時也是憑著一股「憨膽」，一切從零開始。因為十分嚮往田園生活，因緣際會下認識了在北部實踐秀明自然農法的農家，「當時去拜訪幸福農莊，覺得他們的米飯好好吃喔！菜也很好吃！」深深被打動的兩人特地去日本參訪學習秀明自然農法，並在二〇一一年從台北移居花蓮。

一口氣租下五甲的水稻田，李慶豪笑說：「因為當時政府推的是『小地主大佃農』政策，當時我們連五甲有多大都不知道，還被大家笑，可是很想種，就去做了。」雖然初期壓力很大，連除個草也因為姿勢不對而全身痠痛，但也感謝曾努力撐過了那段傻傻的時光。「我們很幸運！剛來花蓮就認識了秀明自然農法的前輩，又遇到一群志同道合的人，不論是用樸門農法、ＢＤ農法，還是各種友善耕作，大家有機會做交流、分享經驗。」劉慧芸說。

友善耕作給予作物充分時間成長、也會適時讓農地輪流休息，種種因素讓整體收成會比慣行農法少三至四成。但不論是慣行或是友善耕作，成果都受當年氣候影響，劉慧芸說：「就看那一年的氣候適不適合這個作物，大自然的變化總是難以捉摸，身為農夫必備本領就是要豁達地和老天爺自然相處，農業讓我覺得最難的，也是在這部分。」

終於學會怎麼除草，也成功種出了五甲的米以後，又出現了新煩惱！「收成量這麼多，要怎麼賣出去呢？」一步步學習去市集擺攤、找店家寄售，後來想到，不如也做自己喜歡吃的米食來賣吧？例如每到冬季就是發燒商品的湯圓，「做一次很費工，乾脆多做些賣給大家一起吃！」李慶豪說：「沒想到消息放上網路，第二天醒來預購已達三百多盒，只好找人幫忙，連正好來訪的朋友也通通叫來一起包！」

四季耕讀農園主要栽種稻米、花生、玉米、黃豆等作物，並使用這些原物料加工，製作依循節氣、傳統慶典必備的米食製品。例如歲末有象徵「團圓」的湯圓、傳統農曆年有「步步高升」與「好彩頭」的年糕與蘿蔔糕、清明前後有麻糬、端午節是粽子等等。還有秋天採收的芋頭做成芋粿巧，便是以「芋」頭加入「粿」粉糰，蒸煮後彎曲也就是台語的「巧」的意思。

這些看似豐富且具有文化意涵的米食，希望讓吃素的客人也能一嚐美味，於是他們試著

用椰子油來取代傳統豬油，「剛開始做時椰子油的味道重，客人不太能接受，我們就慢慢修改比例。每年都不斷調整推陳出新，甚至還做過甜酒釀和湯圓的搭配！」

他們也帶體驗活動推廣米食文化，像是在市集或是自家農園，大人小孩一起做湯圓、蘿蔔糕。「米食文化正在慢慢式微，市集客人說，現在花蓮只看到我們在發展這一塊。」對於大家在食物記憶與文化傳承上的改變，李慶豪抱持一貫豁達說：「等以後老了，我來到處教人家怎麼做。」

「務農大概做了十年以後，節奏才越來越準。」對照當時初衷，田園生活雖然忙碌，但夫妻倆是喜歡的，兩人非常認真去思考如何做更好，「我們都還在摸索，讓友善耕作與食物加工達到平衡，在米食商品量產之中能保有人情的溫度。」

好食推薦

茶湯圓

吃吃看我們的芝麻、花生湯圓配茶湯。還有乾式吃法，撒一些米麩，又是另外一種風味與香氣。——劉慧芸

堆肥天然
運用天然落葉與枯草製作。
作物強健
自然成長的穀粒扎實，根系更長且強壯。
慣行
V.S.
秀明
生態共生
農地間保留部分雜草，也提供了昆蟲生存空間，維護生物多樣性。

秀明自然農法

農夫尊重環境適地適種，不加入任何不屬於大自然的物質，也不過度除雜草，只做適度的協助，例如以草葉堆肥保護土壤和根系。相信發揮土壤本來的力量、給作物時間成長，自然會產出有益人體的高品質健康食物。

自家採種，原地續種
以深化作物與土壤間的合作記憶，會一代一代越長越好。
食農教育
依照不同季節進行耕種料理等教學，傳承飲食與生態倫理的知識。
自給自足
家庭菜園各種蔬果，不用肥料強迫快速長大，蔬菜有時間長出健康的角質層保護。
自產食物
作物製成的加工品，都保留濃郁的原味，含糖量、抗氧化力、維他命都高於灑藥施肥作物的品質。

活力農耕農法
跟宇宙合作
光合作用農場

文字——王玉萍

食物用自己的生命滋養著我們和其他小動物們：
希望城裡的人們可以透過你們，
感受到天地的愛與能量。——吳水雲、鄭麗玲

「作物取得陽光與土地的養分，人們吃下作物的養分，這些能量轉化的過程都是合作。」吳水雲說，這也是農場名字的由來。農場實踐活力農耕農法（Bio-Dynamic Agriculture），它是台灣第一個通過澳洲活力農耕研究院 Demeter 認證的農場，也是澳洲活力農耕亞太協會授權的認證單位。

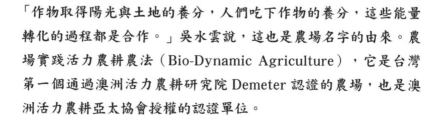

吳水雲二十多歲時為了尋求生命的意義而離家出國，十多年間歷任兩位藏傳佛教仁波切的翻譯。回鄉後想在家的土地上建道場，家人原本就有務農，吳水雲勸說不要使用農藥，「他們當然不會同意，我就把農藥全拿去扔掉了。」他先以一兩分地嘗試友善耕作，「每天都在思考，作物怎樣才長得好？要給蟲吃嗎？」後來道場沒建成，直接在田裡面對生命的議題。

起初也會到傳統市場擺攤，不久就放棄了。他笑說：「因為沒有人相信，這是不灑農藥種出來的，太漂亮了。」後來經由朋友介紹活力農耕農法（Bio-Dynamic Agriculture），簡稱ＢＤ農法，說是地球上現存最重生態的農法，結合古老傳統有機農耕、靈性科學與現代科學觀點。他在台灣上完課，就決定飛到澳洲深入學習，如今已成為亞太地區的授課老師。

ＢＤ農法號稱是可以少數人力操作大面積的農法，吳水雲務農十多年過去，每當有老農委託，都盡量把農地承租下來，「因為希望能保留更多是用友善耕作的農地。」但是農場夥伴數一數，加上他目前只有四位，竟要管理三十公頃農地！除了有穩定銷售的稻米，農場的高品質栗子地瓜產量，足以供應全聯部分有附設「農家直採」的門市，還有正在規劃的咖啡園與茶園。這應該是多數從事友善耕作的農夫們無法想像的。

ＢＤ農法是現代最早出現的有機農業系統，它不是魔法，是一套和宇宙合作的系統，但需要先有人智學的基礎比較容易懂，祖師爺就是這樣教的。一九二四年，那時農藥還沒有發明，可說都是有機耕作，但由於農地長期耕作以及第一次世界大戰的化學物質干擾，歐洲有一群農夫感覺到地力正在消退，發芽率減弱、害蟲疾病不斷，連帶動物生育率也降低。他們去請教人智學（Anthroposophy）學者魯道夫．史代納（Rudolf

光合作用農場門口，標示為澳洲活力農耕亞太協會認證的農場（上）
位於自然潔淨的壽豐鄉樹湖村五百公尺以上山坡的茶園（下）

DEMETER
bio-dynamic
CERTIFIED PRODUCE
GROWN HERE
demeter.org.au

Steiner），希望能教授療癒土地的方法。史代納要求農夫們先做內在鍛鍊，例如冥想靜心打開感官，之後才為他們發表演講，被稱為「農業八講」。第一至三講談人類與宇宙行星；第四講是實作技巧；第五與六講是有關活力農耕配方作用於草本植物運用及原理；第七與八講談如何承接宇宙能量到土地上。

人智學是魯道夫．史代納約百年前創立的一派哲學，一種靈性科學，希望扭轉這個世界過度朝向唯物主義的發展。有許多實際的應用，包括華德福教育、人智學醫學、人智學建築、活力農耕農法、舞蹈（優律思美）、繪畫（形線畫）。

「以作物的角度去感受真正的需要是什麼，作物就會告訴農夫，哪時適合種植什麼？哪時可以收成？」說來容易，要怎麼做到？吳水雲說，要常常在田裡走動，培養覺察力。

想降低操作的成本，要先認識天象與大地之間有什麼關係？「如果看到田裡的蝸牛往樹上爬，就表示將會下雨，比中央氣象局還準。因為牠接收空氣濕度很敏感，但是動作慢又怕被水淹，所以要先爬。下雨了，農夫就不要去田裡工作，因為踩踏濕軟的土壤會傷害團粒結構、壓死裡面幫助植物生長的微生物們。修補土壤要用很多腐植質與時間，會增加很多成本。」

想生產更高品質的作物，要先觀察作物隨著太陽的韻律會有什麼變化？「人類用頭腦想，是行星繞恒星轉；但植物不會這樣想，所以農場是用植物的眼光，以地球為中心的觀點來操作。例如：早上葉子會向著太陽生長好讓更多能量進來，這時要採收葉菜類；中午植物會休息，農夫跟著不要工作；下午水分養分經由土

壤進到根部，就採收根莖類。」

吳水雲說：「農夫在對的時間播種，作物自己就會長得好。」為達如此美好的合作，首先要有一個生態循環完善的環境。光合作用農場的水源來自奇萊山乾淨清澈的木瓜溪，但此處原非良田，吳水雲把大石頭挖起來做生態池的邊坡砌石、移巨石做庭園造景。然後種植綠肥養地，使土壤肥沃了才進行種植。「綠肥的草根下去，蚯蚓會幫忙鑽得更深，土壤翻得越少，腐植質會越深，微生物也會幫你鬆土。保護土地裡的生命，牠們會反過來保護農夫的收成。」實行BD農法的土地裡有多少生命呢？一公頃面積三十公分厚的土壤，微生物就有六千到八千公斤，相當十頭牛的重量，是非常健康豐盛的孕育之地啊！

吳水雲常說，實行BD農法的農夫要做的事情很簡單：播種、採收。如何執行才正確呢？原來農夫有根據太陽與月亮韻律的耕作曆，以及「活力農耕配

活力農耕配方共七款，分別以牛角、水晶與德國洋甘菊等植物搭配製成。秤出需要的份量，加入水中，不斷以順、逆時鐘交錯的步驟，力道均勻地攪拌約一個小時，最後由具經驗者判斷是否完成，即可到田間做噴灑。澳洲來的配方仍具活性，裡面會有蚯蚓等小生命。

方」與堆肥等輔助工具，在適當時間運用可幫助宇宙能量進入土壤與作物，得以健康發芽長大。世界各地的ＢＤ農場因為作物要輪作以養地，農田面積都很大。在澳洲，為了讓農夫可無旁騖的專心務農，會有專職的人製作活力配方與堆肥。光合作用農場自去年開始養牛，準備著手製作活力農耕配方。

活力農耕配方運用目的，是讓農地與作物健康，而不是醫治它的疾病。五〇〇配方的作用，是幫助植物開根及建立腐植質，讓植物的根系健康可與微生物一起建立土壤團粒結構。五〇一配方的作用，在協助植物與宇宙意識的連結，依照植物原有的型態生長；其次，當植物的生長失去平衡時，用來調節植物的光合作用率以恢復平衡，同時還能增強植物的能量與風味。

何時施用配方並沒有固定的流程，需要農夫多做田間觀察，綜合各方條件作判斷。舉例：如果連續數日陰天，農夫觀察到稻田顏色偏綠且過度低垂，

田間不用農藥與化學肥料，種植綠肥以養地（右），培養出健康的團塊結構（左）。

就會去思考，是否需要在陽光充足時噴灑五〇一配方，協助進行光合作用以恢復平衡。

曾有農友詢問是否可與吳水雲購買活力農耕配方？他說：「配方不只是單純買賣生意，BD農法是一個學習之道，我提供配方給想實踐BD農法的農友，就要為他負責，時時去關心他的農場。」中國、馬來西亞、印尼都有吳水雲的學生，他們也會來花蓮實習，初學者跟著前輩邊做邊學，是合作也是傳承。

BD農法認為大地之母生養萬物，所以小動物們到田裡來「共食」理所當然。農場不使用農藥、化肥、除草劑等強迫土地長出東西來；遵循宇宙韻律進行播種與採收，中間過程就交給大自然，作物會產出高品質回饋農夫。

農場養活了人們、養活了土壤上下的各種生命。對吳水雲來說，這裡就是生命道場。「我在播種時會持咒，像行經一樣，不疾不徐。不想收穫與蟲害的事，專注在操作與祝福。種子進入土壤像著床，大地是母、天是父。我們自己留種，一直在這個環境生長的種

子，都帶著宇宙意識與記憶，會一代比一代更好。」

「人類會思考能行動，我們要把從食物得到的能量轉化成什麼，才能與天地萬物一起好好合作？」這樣的哲學思考，是學習BD農法的必須過程，也是每個人都可以想一想的。

好食推薦

蒸栗子地瓜

栗子地瓜料理的方式越簡單越好，清蒸熟透就相當好吃了。可以不削皮，除非表皮有瑕疵或蟲咬之類的。——鄭麗玲

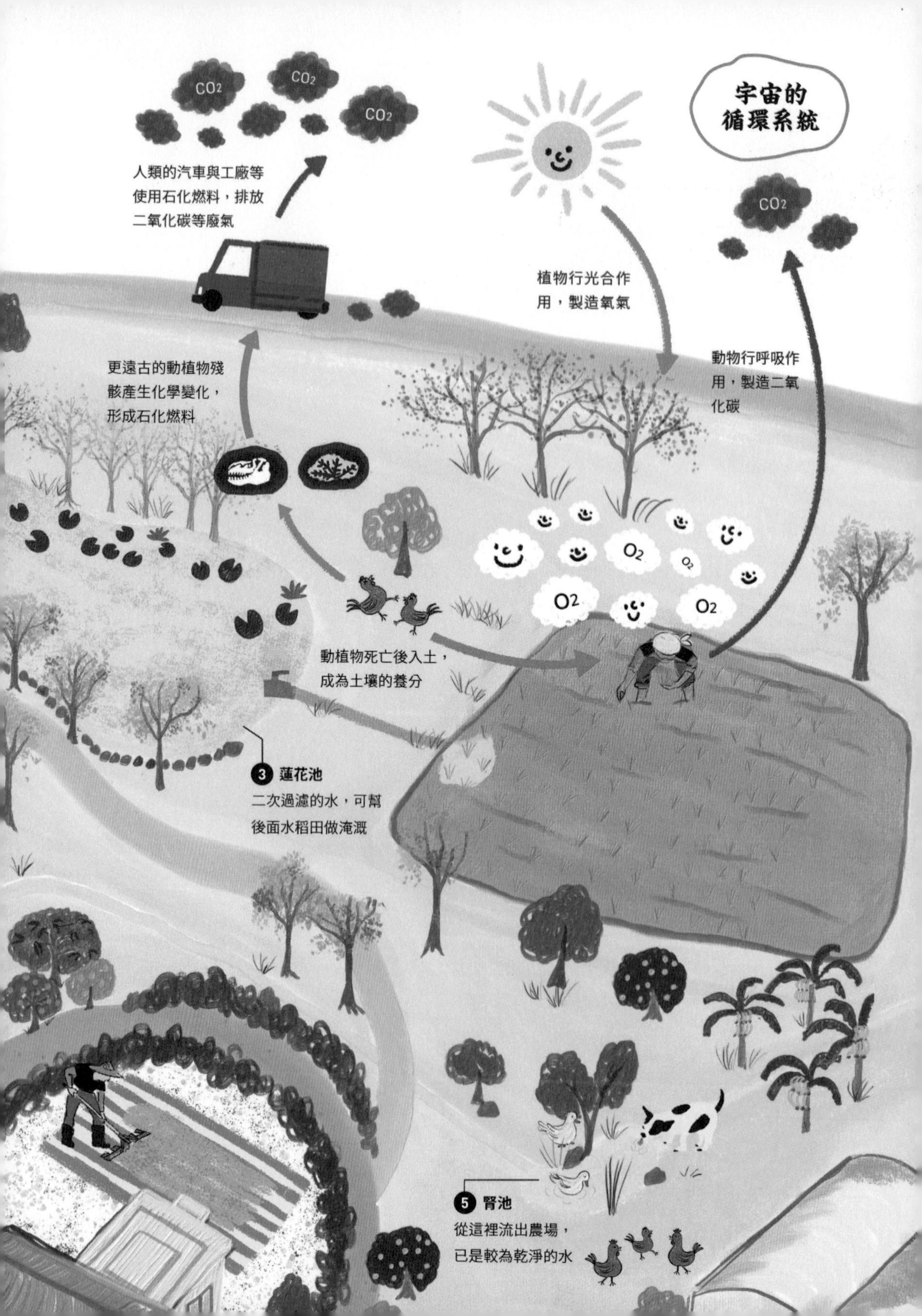
宇宙的循環系統
CO2
CO2
CO2
CO2
人類的汽車與工廠等使用石化燃料，排放二氧化碳等廢氣
植物行光合作用，製造氧氣
動物行呼吸作用，製造二氧化碳
更遠古的動植物殘骸產生化學變化，形成石化燃料
O2
O2
O2
O2
動植物死亡後入土，成為土壤的養分
3 蓮花池
二次過濾的水，可幫後面水稻田做淹溉
5 腎池
從這裡流出農場，已是較為乾淨的水

活力農耕農法（Bio-Dynamic Agriculture）

簡稱 BD 農法，將動植物、土地、日月星辰視為一個系統。農場是依循此運作的有機生命體，按作物成長期程施放不同的活力農耕配方，可恢復土壤活力、改善作物的營養價值、療癒地球。

光合作用農場運用等高差順流設計了五個水池，用以類比人體器官的有機運作。將引入的溪水，轉化成為農場的養分，並達到淨化水質的功能。

農場的
循環系統
DEMETER
bio-dynamic
1 沈澱池
溪流在此過濾，沈澱土
可作為農田養分
2 肝池（沈澱池）
水流再次過濾、沈澱
製作活力農耕配方
4 心池
是露營、戲水的地方

各式有機農法

自然循環農業的幾種方法

興瑞有機果園、宇還地有機農場、彌勒有機果園

文字——張瀚翔

花蓮是全台最能實踐「有機」理念的地方，然而即便都通過有機驗證，各個農場採用的治理方式也不盡相同。例如面積較大的「興瑞有機果園」使用的是自動灑水與草毯營造區，規模較小的「宇還地有機農場」用網室的方式隔離害蟲，「彌勒有機果園」則善用物種相剋方式營造穩定的生態平衡。

「不使用有毒農藥、減少環境干預」看似是有機耕作的挑戰與限制，但隨著技術和經驗累積，農友們有著更多樣的方式與自然共處。

有時候蟲比人類聰明，
知道什麼食物是安全的。
——游振葦

希望還原食物的本色，
讓大家認識最原始的味道。
——溫廷舜、王紫菁

我跟你們一起，
努力、堅持。
——黃彥儒

興瑞有機果園

剛抵達「興瑞有機果園」，廣大的農地瞬間佔據了視野，整片平坦草毯上是成排的柚子樹。游振葦自豪的介紹這個農場是他與父親游胡興一起耕作的。為了有效管理近三公頃的果園，在果樹旁埋下暗管，以中控方式進行大規模的自動化灑水、施有機液肥。除了自動化以外，更進一步改造土地，利用大片草毯營造了多樣且穩定生態循環，例如魚腥草開花後能吸引許多害蟲的天敵，減少驅蟲需要的人力與時間。

在這遼闊的田地裡，很難不去注意到正中央的鐵皮屋，除了成堆的木材、木屑和肥料以外，還有許多大型的器械，這是和父親一起設計、改良的冷凝萃取機和木醋液製造爐。除了經營農產品以外，也將農產品製成文旦精油、文旦精油清潔劑、香茅油和木醋液，剩下的木屑也能用作雞舍的墊料，藉由循環、再利用的方式最大限度的減少浪費。

草毯能抑制雜草的生長，減輕田間管理工作；一些草毯還有具有食用與藥用的價值。

游振葦是藉由與農改場合作而學會使用草毯的，一開始的育苗非常順利，但每種草毯適應的環境和維護方式都不一樣，而為期三年的草毯生態試驗在這三分地的面積裡，得不斷投入許多時間和心血，「有的品種栽種了半年後就全數死掉了，目前的幾種草毯，像是魚腥草和蔓花生，已經適應環境並穩定存活了。」

「多年前，我爸爸在農場拉管線時發生意外，管線破裂農藥噴灑在他身上。」興瑞農場已經傳承了三代，父親受傷後游振葦決定回來接手果園，並改為有機種植。農法從慣行改為有機的第一年，收成並不如預期，他把那本《蘋果教我的事：木村阿公給未來的禮物》看了七、八遍，「每看一遍都有不同的收獲，蘋果爺爺遇到的問題我也都體驗到了。」這些困難卻帶給他很大的信心堅持下去。

游振葦認為有機農民的自產自銷優勢在於「更容易接觸到消費者，在寄送蔬果給熟客試吃的過程裡，

得到的回饋更真實也更誠懇。」勤於實驗各種有機治理方式的他，會定期將蔬果寄去農業研究單位，與研究員們分享農業的第一線狀況。

「我想讓他們看看，不使用農藥的有機蔬果也能達到這樣的水準。」游振葦說這句話時，充滿著這幾年來與土地共存的踏實與自信。

好食推薦

柚子沙拉

柚子沙拉也可以當主菜喔，維他命 C 十足的柚子，讓人餐後清爽無負擔，只要加通心粉和水煮馬鈴薯就很容易有飽足感。風味部分以鹽巴和橄欖油為主，另可以加葡萄醋和義式香料與黑胡椒，有小朋友的時候再調入法式酸乳油，會愛吃到再加一碗。—— 寫寫字採編學堂

宇還地有機農場

走進「宇還地有機農場」，首先看到的是頭頂上一整片滴灌用的網室。

這裡是由溫廷舜和王紫菁夫妻一起耕作的，不同於興瑞有機果園使用大規模的自動灑水和草毯營造區，他們的有機策略是用網室的方式避免蟲害，就連清洗文旦樹上的青苔都堅持只用清水。「在栽種的過程裡與自然共存」是他們一直以來的理念，現在田裡除了自己養殖的義大利蜂外，不時也會有青蛙、蛇、鱉、食蛇龜、鵝等生物出現，在在證明了這片土地是安全、無毒的，自己跟消費者也能吃得安心。

如今，宇還地有機農場用「吊瓜」的方式栽種南瓜和西瓜，科技業出身的溫廷舜，評估農場效益並重新規劃後，將一年一收的文旦樹面積縮小，讓可以多次產收的栗子南瓜作為主要的經濟作物，如此一

來，三分地就能有兩甲地的收益。但對於產量，他們有不同的看法。在維持一定收益及降低環境的干預間取得平衡是一個很大的課題，再加上小農雇工不易和盤商殺價，最後的策略是固定價格與客源，無論市場價格如何浮動，農場裡的有機蔬果都維持在相同的價格，搭配上穩定成長的客源，每期作物都能維持一定的收入。也因此，宇還地有機農場不必像其他農田那樣一昧地追求產量，能用輪作的方式讓農田有時間休息。「什麼季節吃什麼蔬果」才是土地一直以來的節奏。

網室在花東遇到最大的問題就是颱風，為了避免骨架或網子受損，每當颱風來之前都得提前收網，而害蟲便會在這期間飛入農田，事後得耗費大量的心力重新營造網室內的環境，例如與螞蟻共生的蚜蟲，除了用瓢蟲去撲殺以外，也會噴灑「葵無露」使其窒息死亡。他們也會將「寄生蜂片」釘在玉米植株的葉背，等寄生蜂孵化後便會到玉米螟的卵粒上寄生，使玉米螟的蟲卵無法孵化。而網室內使用的性費洛蒙則能將害蟲誘導至瓶子內，一口氣撲殺。這些農法除了在農改場學習外，有機農友之間也有手機群組可以交流最新的資訊和技術，並定期回報近期試驗的農法是否有效。

宇還地有機農場一開始的熟客都是親朋好友，在經營粉絲專頁和 LINE 群組的過程裡也逐漸建立起自己的客群，農場成立的第二、三年曾到花蓮好事集販售並拓展了新的客源，後來因為路途遙遠，往返的車資和時間成本太高只好作罷。

王紫菁認為，品牌經營是非常重要的，若南瓜或玉米的品質不佳，寧可打掉或送給慈善機構也要維持住品牌的水準，也唯有這樣才能得到客戶的信任，進而讓客戶主動聯繫、詢問。南瓜除了用 LINE 群組和臉書的管道銷售外，今年也是第三年與廠商合作，於台北的 SOGO 跟新光三越銷售高品質的栗子南瓜，為了避免過度生產，今年改用契作的方式穩定供給。

THE BIG BLUE
SINATRA
CATS

王紫菁說，現代人已經習慣吃非常甜的水果，文旦本來的甜度只有十到十二度，市場上的文旦都催甜到十五度以上，卻蓋過了文旦本來的酸味和香氣。「我們的文旦雖然不那麼甜、賣相也比不上化肥和農藥栽種的文旦好看，但卻是最原始、最天然的味道。」

他們舉辦體驗活動、接受邀約到學校做食農教育的初衷是希望讓大家體驗，原來農作物的香甜不需要其他調味，透過五感刺激讓食物直接展現它的美好本質！「我們從都市走入鄉村，遇到很多熱心的人，也希望愛惜環境的精神可以傳遞。」

好食推薦

南瓜濃湯

栗子南瓜切塊水煮，皮也有營養不要全部削掉，擔心湯色太暗綠的話，可以加一點紅蘿蔔塊。加水煮熟後要用果汁機打成泥，這時可加少許堅果一起打，增添奶香味。然後再倒回鍋中加鹽、胡椒、香料等調味。—— 寫寫字採編學堂

彌勒有機果園

黃彥儒對於有機農田的治理是用物種相剋的方式維持生態平衡以取代農藥，自然也就克服了有機農最頭疼的害蟲問題。山蘇、晚崙西亞橙、熱帶水蜜桃、珍珠芭樂、龍眼、蓮霧、枇杷，這些都是彌勒有機果園的作物，黃彥儒為了讓農田有多樣的物種和穩定的生態，過程中得不斷嘗試種新的作物。

面對無法剋制的害蟲，黃彥儒依循著經驗找到對應措施。例如螳螂會幫忙把芭樂樹上的害蟲吃掉，但來吃螳螂的鳥類也經常會去吃其他農作物；對此，他會提前採收木瓜，並用事後催熟的方式減少鳥類帶來的損失。解決了鳥類問題，接著想辦法讓螳螂也能清除晚崙西亞橙的害蟲，「晚崙西亞橙的葉子顏色較深，不適合讓螳螂躲避天敵，因此今年決定在晚崙西亞橙樹間種一棵芭樂樹，讓螳螂可以躲藏。」同理，他也種金露花來吸引瓢蟲，以抑制危

害果樹的蚜蟲和介殼蟲；為了對付香丁的害蟲——星天牛，決定種植星天牛更愛吃的砂糖橘和金棗，吸引走了星天牛的注意，香丁也就能順利保留下來。

除了會到農改場上課以外，黃彥儒也在中興大學的研習課程中認識了混林農業的概念，正好與果園豐富的生態循環相似，這也更堅定了「減少干預、生態穩定」的理念。

銷售管道除了花蓮好事集和網路行銷外，不時也會有客人親自來田裡購買。而有機、無毒的精神也試著運用在包裝上，例如使用姑婆芋和月桃葉取代市集上經常使用的塑膠袋，讓消費者也能在購買的過程裡一同參與這項理念。

「我們使用土地其實就是在掠奪環境，我想做的就是盡量把對自然的影響縮小，消費者瞭解這個理念也會比較安心。」

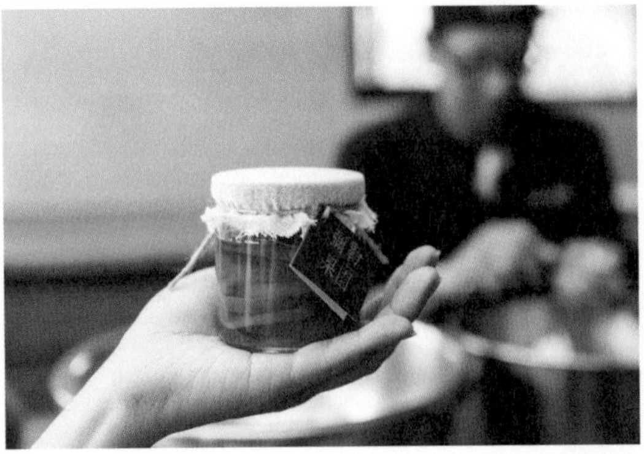

好食推薦

手工果醬

當季水果做成果醬可品嚐到不同的風味，我會做成水蜜桃果醬、橙花香橙果醬、糖漬橙片、香橙果皮果醬、檸檬果皮果醬，適合搭配果茶、優格、糕點。—— 黃彥儒

協力共耕 樂種好生活

伍GO農

文字——黃怡華、王玉萍

到底是土、陽光、雨水，
還是哪個步驟的差異讓你的味道不一樣了呢？
總之要認真一點，自立自強的長大喔！——林佩蓉

五個半路入行的小農，自稱「超樂觀聊天系的農夫團體」。不是合作社也非換工，磨出一套從各自立足點出發的合作祕法，一起做好大家都想嘗試的事情。他們種稻米、種雜糧，更種出想要的生活。

伍 GO 農成員：王彥棠（左上）、黃兆瑩（右上）、呂琬婷（左中）、林佩蓉（右中）、林祐賞（正下）。

端午節不久後的某日下午，趁著陽光稍緩、午後雷雨還未落下，五位小農陸續出現在花蓮壽豐鄉山腳下樹林旁的花生田，討論著該怎麼處理長得比花生高壯的雜草，當天就試了兩三種除草方式。這樣的工作模式是他們的日常。

近年的花東友善耕作圈出現越來越多小農，卻很少有像這樣的團體，是勞動合作社嗎？「是合作社的精神，但沒有成立合作社。以農業生產為基礎，但不是唯一的主業。」成員們公認的農機控王彥棠說：「就是五個沒有農業背景的樂觀青農共享資源、共同耕作，一起完成想做的事情。」

五位成員是：黃兆瑩「好好吃飯」，呂琬婷「大碗的米」，王彥棠「穗稻．自然醒」，林佩蓉「山間友狗樂農農」，最新加入的林祐賞還在構思自有品牌。「伍 GO 農」則是合作推出的花蓮農產加工品牌，最早務農的黃兆瑩說：「我們雖然一起工作，但都各自銷售，兩年多前開賣豆奶，才以『有夠濃』的諧音來當作共同商標。」

因為加工品要製作一定的數量才能降低成本，五個人的銷售管道足以達到如此加工品的量，考量未來會以雜糧加工為生產主力，於是大家決定集中火力讓「伍 GO 農」這個共同品牌長出來。

計畫生產的模式是從三年多的合作耕作中慢慢修整建立起來的。由於種稻的成本高，評估不會有盈餘回到公積金；雜糧加工品的利潤較高，在討論種植計畫時，就會偏向增加雜糧作物的面積。目前農地約一成種水稻、九成種雜糧。

實際執行時，先各自預估需要的稻米量，五人加總後就是要種植的面積，收成後以成本價內部認購、各自銷售。雜糧作物製成加工品後則納入伍 GO 農品牌，除了在共同開發的平台銷售，一樣可經由各自管道去銷售，然後一定比例的利潤回到公積金。

這看似簡單的原則，有小農們合作培養出的默契與信任支撐著。黃兆瑩說：「公積金目前是用於種苗、肥料、農機具維修等共同支出，希望未來有盈餘分紅，所以大家最在意的不是個人利潤，而是維持公積金的存在，才能永續合作。這是一個以簡單的收款紙箱、代墊登記本和信任而完成的模式。」

呂琬婷是在念東華大學觀光休閒遊憩學系碩士班時，參與「半農半X」計畫而接觸友善耕作，「小農很容易就陷入兩難中，因為得要有夠大的面積與收入才可維生，但只有一個人耕作又很難做到大面積耕作。」

黃兆瑩務農之餘，會在花蓮市的音樂場域擔任音控。如何才能成為斜槓農夫？「就是找人一起種啊！」他最初是幫忙朋友籌劃農法學堂，結果開啟了人生第一塊水稻田，收成是經由親友團的口碑與台北的市集銷售，「務農讓我有彈性安排時間去做其他的嘗試，過想要的生活。」

生態保育背景的林佩蓉說：「務農，是想走出一條人與自然共處的保育之路。」她會在個人務農粉絲頁發起季節性的體驗活動，例如下田除草換花生醬。參加的朋友經由她的解說，認識每一種雜草的名字，哪些可以吃、可以玩。一邊聽分享一邊拔草，彷彿務農也不單只是件苦差事。

青農們想跳脫都市型態工作中的侷限，挑戰做腦力體力並用的工作。不過實際務農後才明白，除了要體力，對作物與時序的理解無法速成；各式農機具輔助的成本更是一大門檻。加入團體可共用農機具，大大降低了初入行就陣亡的可能性。合作種，還能嘗試更多品項和不同的種植方法。每天到哪塊農地工作？哪時要約吃飯討論商品包裝行銷？都是用 LINE 群組聯絡。

他們也認為，這是個神奇難複製的模式。五人雖然各自租田，但是共同管理、共用機具，「以自己的擅長與工作習慣共耕，以『每塊田與作物都跟我有

關』的心情去照顧。」五個人會一起出現在田裡的時間主要是播種、除草、收成。作物成長期間則是輪流巡田、處理各種事物。合作力量大，目前共耕的面積可達二十公頃。

新成員林祐賞說：「有他們帶著一起種，可以學經驗，也多了一群朋友。」他們在實驗田操作雜糧種植，「我們傾向不用強力控制環境。黃豆、黑豆是目前穩定的品項，紅豆、毛豆則還在試驗，至於那個雜草長很高的花生田……」一陣笑聲面對工作的卡關，實驗清單上還有綠豆、芝麻、薏仁等。

一起吃飯兼聊工作，也是成員們的日常。味噌湯裡有剛從院子拔的日本大蔥，味道濃重不同於超市裡買的，主菜魚和雞是跟鄰居友人換來的。他們踏踏實實地過著農夫生活，但又與傳統的不一樣。餐後擺出幾罐飯後甜點，是日前辦甜酒釀體驗活動做的，也是即將推出的新產品。大家討論著哪種比例好吃？怎樣的包裝好看？希望找到在地廠商加工以降低碳足跡，也要兼顧製作成本是否能負擔。

農夫的本業是顧好田間生產，但因為目前雜糧加工品的消費市場，尚不足以支撐起相關的產銷鏈，小農得當從耕作到銷售的全方位工作者。不過，如果有一群人合作的話，這樣的工作也相對有趣。目前伍 GO 農的商品有豆奶、酒釀、醬油，還在研發更多雜糧加工品，並開始接觸通路商，以貼近大眾便利速食的消費習慣與價格。呂琬婷說：「這是今年的目標！也是因為大家一起做才有可能。」

他們明白，要開發加工品，得更快抓到市場走向、找到適合穩定生產的品項、制定更有效率的工作排程、精確計算成本。他們形容，

「很像飛機準備要起飛了，但一直跑在一條很長的跑道上。」

這五位小農，各自因為不同的機緣來到花蓮，共耕實踐農村創業生活。伍 GO 農不只是「有夠濃」的諧音，也是彼此打氣、逐夢的寫照。像是要用種出植物原有生命力的精神那樣，種出合作的好滋味。

好食推薦

豆豆燉肉

富含蛋白質及纖維的黑豆、黃豆、紅豆也很適合入菜呢！前晚洗好豆子，浸水放冰箱，泡開的豆子，加入炒至焦糖化的洋蔥末和肉塊一起燉煮，很下飯，營養又好吃！—— 黃兆瑩

計畫生產

與環境共生的耕作實驗室

邦查有機農場

文字——彭佳汶

嗯，很謝謝作物們的努力！——蘇秀蓮

「桃芝颱風之後，我們花蓮的農業全部都被打壞了。」是大自然的力量，把蘇秀蓮帶進了有機農業。

看到環境因為人類的破壞而變得脆弱，甚至被自然反撲，她從慣行耕作轉向，想像一個與環境共生的方法。

蘇秀蓮是花蓮光復鄉邦查農場的主人，邦查（Pangcah）是花蓮阿美族的自稱。在從事農業之前，她和大部分的花蓮人一樣，曾經到大城市中漂泊，但心裡很渴望穩定，最終回到了家鄉。「我名字中有兩個草，是注定要從事農業的！」她笑著說。

最困難的不只是學習有機農業，同時間她還開始接觸經營管理，對兩邊都不熟悉的她相當吃力，但也很快地意識到，「這是非常重要的學習。」讓她看到想要的未來，對於植物生長、人事、產銷，開始摸索出一套自己的管理方式。

「我的農場規定很硬性，不能用主觀想法來做事，既然我們有制定好的生產計畫、標準流程，就要遵守，一切照排程進行。」蘇秀蓮這樣的形容離一般人想像「看天吃飯」的農業有些差距，但這就是邦查農場的狀況，謹慎的她每天都要因應各種變化，修正計畫及溝通，花了六年時間，才讓農場各方面達到穩定狀態。

企業化制式經營的套用更加深了務農難度，但蘇秀蓮說：「我的員工都是中高齡的人了，不能讓他們的工作因為排程等疏忽造成空缺，沒穩定收入他們要怎麼辦？」強硬的規則，其實來自於照顧員工的責任感。

邦查農場嚴格遵循一套植物的生產計畫表，讓蘇秀蓮能很精準地告訴合作通路，接下來會有什麼蔬菜，甚至能在通路有需求時控制產量。「這其實是很簡單的生產計畫表，但前提是使用的人要很熟悉植物的生長特性。」蘇秀蓮的眼睛一下子亮了起來，這套由輔仁大學來合作實習的學生提供的試算表格，讓她受惠許多。「我也已經把這個表格，分享給好多人了！」

蘇秀蓮不時接起電話、回覆訊息，思緒清晰回覆每個問題。她認為即便控制到如此細節，還是要意識到「農業是有風險的」，在天氣變化或有蟲害時，第一時間告知通路與消費者農場實際狀況是重要

的，彼此建立默契後，在農場生產過剩或不足、通路需求減少或變多時，都可以溝通。「農民要有警覺性，要知道我們與通路消費者之間，不只是買賣關係，而是合作關係，我們是互相幫忙的。」

談產業經營的蘇秀蓮非常理性邏輯，散發專業人士的非凡氣勢，但一走出戶外接觸大自然卻是另一種樣子。她隨手拿起一株不起眼的小草，就能仔細描述植物的口感，彷彿味道已經烙印在她的舌頭之上。

邦查農場之所以成功，除了企業化經營以外也要歸功於蘇秀蓮的味覺天分。不僅是酸甜苦鹹鮮，而是一道層次分明的光譜，劃出很細節的味道。這樣的味蕾天才在種植有機之前其實不是如此，她說這是被有機養出來的味覺。

如此天分也有煩惱的時候，她現在很少跟朋友去吃飯了，因為太熟悉植物好吃的狀態，常常朋友們讚不絕口的料理，她一吃就知道出了什麼狀況。「有時是農藥的味道太怪了、或是錯過最佳賞味期。大家都很喜歡脆嫩的口感，但不是每種植物都要如此才好吃！」

蘇秀蓮徒手打開剛從地上拾起的百香果，說冬天的百香果不比夏天味道濃厚。「以前我們家有幾種果樹，那不是要賣的，是我爸種給我們小孩子吃的。」她的童年，吃天然食物是很日常的事，和兄姐的遊玩是夏天循著果香找果樹，就為吃上一口酸甜解暑的果實，冬天是在萬物枯竭的乾冷大地上辨識生命力強悍的各種野菜，採回家又是一道豐盛佳餚。

這些故事美好而重要，但因為環境轉變，不再是大部分人的共同記憶，因此，蘇秀蓮想要用另一個方式使它再被喚起。「現在氣候變遷激烈，我要推廣阿美族的野菜文化，它會是我們以後的救命菜。」她很驕傲阿美族的野菜文化，除了是從小熟悉的味

道外，從事農業讓她看到，近幾年一般作物容易受到氣候劇烈的影響，野菜卻仍然在極端氣候中生存下來。然而野菜並沒有被放入一般的農場中，不會識別的人常會當成是雜草。「野菜其實就是沒那麼主流的蔬菜，如果因為體驗活動而認識、喜歡野菜，消費者也會想買到野菜。」蘇秀蓮將野菜移入農場種植，現在北部及花蓮的一些通路，也能買到邦查農場出品的有機野菜。

雖說野菜韌性，在這物種多樣性逐漸消失的地球，蘇秀蓮的味覺回憶是否隨著時間而有了缺角的地方？有沒有以前吃得到但現在不見的野菜？「沒有耶！是餐桌沒有需求，所以農民也不會去種植、採集、買賣，但是物種從來沒有不見。」蘇秀蓮一語道破消費市場的邏輯，話語背後是對自己文化的強烈自信，也是從事農業的經驗之道。

「說到野菜，我覺得可以重視山難求生這一塊，山上就是植物最多，如果有這樣的知識，整座山就是你的冰箱。」話鋒一轉又說到植物知識，她很重視知識的運用，田邊的空地已經搭起了一個小棚子，邦查農場即將開始一系列的農學校課程，除了食農教育外，還有阿美族的傳統知識傳承，秀蓮希望這個計畫能讓附近的居民活動更加活絡，老人小孩常常在外面走動聊天，也會辦農業體驗活動。

說起這一切行動的初衷，蘇秀蓮直率的說，關於食物、關於價值，現代社會的生活模式帶來許多問題，「其實我的初衷就是要讓大家認識食材，因為大家吃東西都是外面的人在弄，你根本就不認識食材。許多人連最常見的植物都不認識，等料理上桌了之後才認得出來，怎麼回事？我覺得很可惜。我要推的是以後大家都會需要的知識。不是要人來

產量與收入穩定後，蘇秀蓮仍擔心環境繼續被破壞造成未來糧食危機，於是也積極推動友善環境的食農教育。

玩，是要教人家來認識東西，甚至體會農家的辛苦。」

關於農業的價值、意義、知識，才是她真正想傳達的。說起農業，蘇秀蓮的不厭其煩來自於從來不變的初心。

好食推薦

野菜湯

也稱為八寶湯，依照節令和喜好選擇當季的野菜。阿美族常食用的野菜大部分都是萵苣類，多帶有苦味。煮野菜之前要先搓揉破壞纖維、依順序下鍋，就能煮出層次好味道。我們會依照個人口味調整，想要加一點甜味就切南瓜薄片，喜歡吃辣在碗裡放上幾根小辣椒再把湯舀入碗中。

會認、會煮，家裡的餐桌上就會開始出現野菜料理了！── 蘇秀蓮

有機育苗

要有機，不簡單

明淳有機農場

文字——王玉萍

育苗需熟悉各種作物的特性，一失敗就會耽誤種植期程造成產量不穩定、成本拉高，所以台灣不論採行有機或慣行的農場，都是直接向育苗場購買，就不會是有機苗。只有少數如樸門、秀明、BD的農夫因遵循農法理念而選擇自己留種、育苗，目的不是銷售，也無法做到對外供應。陳柏叡卻能做到百分之八十使用自家培育的有機苗，還能少量銷售給其他農友。「那是勇於失敗多年後的經驗累積。」要有機果然不簡單。

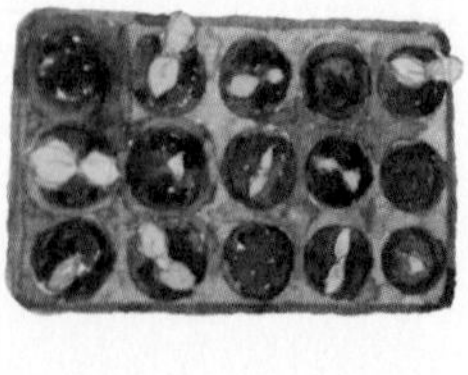

我希望你不要一直給我出亂子，好好健康長大。——陳柏叡

位於花蓮吉安鄉巷弄間的「明淳有機農場」作物集貨場地，一大早就收成滿滿，彩椒、小番茄、山藥，只留出一條小走道，「我們從這裡上去吧！」陳柏叡指著升降電梯旁邊的樓梯，「不是那個升降電梯喔！那是蔬菜才能搭乘的啦！人只能走樓梯。」據說這個皮膚白皙性格調皮的年輕人，曾經出現在主婦聯盟刊物的封面，讓很多讀者好奇。

他曾經在桃園工業園區工作，五年前被爸爸陳文富召回來幫忙。「雖然我是被強迫的，但後來想想，爸爸做農夫養大三個孩子，也買房買車，應該還算是個好工作吧！」人稱有機先鋒的陳文富，已將農場經營得很上軌道，兒子陳柏叡卻誇口說「可是我想要轟轟烈烈」，果真摸索出自己的一套，「把有機苗變成好生意」。

過往，明淳有機農場的苗也是向育苗場購買，「我算了一下，一年的經費約四五十萬元！」陳柏叡自告奮勇跟爸爸說：「我來育，錢給我。」限載蔬果的升降梯抵達的頂樓，就是他摸索了三四年的育苗場，「還是有百分之二十要跟育苗場購買，有些是我的技術還沒辦法克服、也有些種子只有簽約的育苗場拿得到，例如青花筍一般農夫就買不到。」他笑說：「結果我爸也沒有給我錢。所以我從兩年前開始，靠賣苗給其他農夫、還有演講，賺零用錢。」他是花蓮農改場最年輕的講師。

一般育苗場在育苗過程與出貨前都會噴藥，以降低育苗失敗率、確保到了農場不容易生病死掉。育苗失敗的原因之一，小苗們要搶陽光就容易徒長，約百分之二十至三十會因為莖過長過軟而伏倒。以慣行農法來看，這問題很容易解決，就是使用矮化劑。矮化劑是植物生長調節劑，有賀爾蒙的成分。幸好，農藥被製造成不穩定的特質，作物成長過程中藥性多半會隨著光解、空氣解等褪掉。

目前農場已經有八成的作物小苗，可由自家集貨場頂樓的育苗場提供。

育苗過程：需在陽光充足的場域，使用育苗穴盤，利於控制數量、觀察成長狀況，健康幼苗再移植田間。

有機育苗不能用藥，如何防止徒長？「農夫對它好或壞，植物表現很明顯的。」他沒有在開玩笑，有機農夫能明白植物的感情，但舉例一種更實際的方法，「用手去搓它。」這是失敗多年後得到的一項祕訣：「因為植物有向光性，被撥動後，它要花時間把葉子再轉過來面向陽光，這樣就會長得比較慢。」

植物的營養與疾病多是從土壤而來，「每一個育苗者，都會選自己覺得最好照顧的培養土。台灣的培養土需仰賴進口，成本偏高也是農夫不願意育苗的原因之一。」培養土哪裡來？例如像亞馬遜雨林區那樣大的場域，河床底下落葉積久了腐敗熟成，再以人工曬乾，磨出渣壓成塊。現在有人在研發用木屑製培養土，也有人用椰殼屑。要選擇適合的培養土、理解每一個作物育苗期的特色，得花時間與金錢累積知識，所以有機農夫能跟陳柏叡購買到「有機苗」，應該都會覺得是好難得的事呢！

農事體驗：農夫駕駛農機將土裡的馬鈴薯翻出，可大大節省撿拾的人力與時間。參與工作的人可分享當日的收穫。

台灣氣候偏潮濕、病蟲害多，農業用藥發展非常發達。「有機防治更困難，所以台灣的農業當然是領先全球。」很多外國農夫來台灣考察，看到有機農業的成績都驚嘆萬分。秋行軍蟲讓中國農業損失一兆元，台灣卻還是有辦法防治、農夫還是有收入。這看似很自然的事，其實是農業相關研究單位與農夫都很努力，扎根很久才有辦法做到的。

「就像現在大家吃的食物，其實是農夫很刻意用心去種才有的。」陳柏叡的爸爸在台灣推動有機耕作初期就投入，那時消費者還不太明白有機的概念。約五年前政府推動「百大青農返鄉」、「二代務農」等政策時，支持有機農業的消費者逐漸增加，「那時青農還沒有產量，我們家比較早做，所以每天有人在追殺我們家的貨，宅配量一天兩百多箱。」如今全台的有機產量出來了，市場並沒有變大，過往的宅配榮景不再。

「接待體驗是我們傳遞有機種植理念的一種方式，

透過體驗讓大家實際來到農田接觸土地。希望消費者能對有機產業有更多的認識理解，可協助思考要如何消費。」例如，大家都說有機食材很貴？陳柏叡一樣能詳細解釋。慣行農法的作物，是在行口或批發市場拍賣，價格採浮動制。政府雖然沒有規定有機價格，但具規模的有機農場主要市場在有機商店，是簽約以穩定價格的方式供貨，所以曾經遇到寒流颱風等天災時，慣行的高麗菜一顆高達三百元，有機種植的卻仍維持在一百五十元。

當產量大過市場需求時，具規模的有機農場或許可以降價，但小農卻無法承受，所以通路的做法是，「與農夫們協商種植不同的作物，相同的作物就輪流上架。等於變相減量，但是有穩定的貨可出，收成不會在田裡爛掉。」

「這個工作接觸自然，面對的天災人禍太多，老天爺不賞飯吃時怎麼辦？要看得開。務農也能漸漸悟出人生道理。我喜歡在田裡面，很有趣，心裡會有很多話。明明有在做防治，為什麼會生病？早知道雨水多，溝打深一點就好……我一直喃喃早知道。我爸說，如果你早知道就是王永慶的兒子了。」很愛說話的陳柏叡，也會跟植物說話，他知道植物真的是有溝通能力的，「有物理學家研究植物到底算不算生命？發現植物會發出聲音！他們用聲納器接收番茄的聲音，被刀子割過的番茄在一個小時內發出二十次叫聲，健康

明淳有機農場的產量穩定、種類多樣，長期供應主婦聯盟等有機門市。

的番茄一個小時只會發出一至兩次的聲音。那是人類聽不到、只有昆蟲聽得到，很低約三百赫茲的頻率。」

陳柏叡花很多時間在農田裡實踐、在知識裡鑽研，在演講時不吝嗇地分享出來，「育苗之前要鬆土，培養土都是進口的，像磚頭一樣結塊型，打鬆才能用。白色的叫做蛭石，增加土壤的縫隙，讓植物更好伸展，也比較容易排水。還有別忘了，小苗長出來後摸摸它的頭，說說好話……」總是能把苦事說成趣事的他，確實成為「看得開」的年輕人，跟有機一樣，表面上看起來簡單，學問很深啊！

好食推薦

醬燒馬鈴薯

韓國的小菜，作法簡單，放涼也很有風味。

爆香蒜末、辣椒，加入馬鈴薯和洋蔥翻炒，洋蔥邊緣微焦時，加入砂糖、醬油及水（比例約 1:2:6），拌勻後蓋上鍋蓋小火悶燒，湯汁幾乎全乾時，加白芝麻拌勻撒上蔥花就完成了。—— 寫寫字採編學堂

跨域保種

保種倡議人的家庭菜園

種子野台

別人眼裡的單一，在簡子倫腦海中是百萬種東西，是時間與空間交錯繪製出的關係圖像，舉凡任何途經田畦的動物、田邊的雜草、泥土中的微生物……每日觀察生態間的運行法則，當一顆種子埋進了菜園，他看見如繁星般眾多的生命故事被環境牽動著。他成立「種子野台」為種子發聲，進行策展交流、自家留種、影像紀錄。計畫未來還要聯繫部落人組織地方品種協力隊，一起守護從種子與作物衍伸出的文化內涵。

文字——梁皓怡

光是穀物就還有許多古老品種比如龍爪稷、油芒、稷……等待著我們重新建立關係，擴展本地餐桌的文化視野。——簡子倫

保種是什麼？很直白，就是有一個人把種子保留下來。但一支地方品種的留存，涵蓋層面遠超出你我的想像。

簡子倫說，保種是立體的□活化的。談論的是支持系統，要跟社群關係□地方情感□生態智慧□農作知識□文化傳承甚至精神信仰都串聯起來。保種就是這麼立體的概念，不單單只是把種子冰存下來。它是「時間」與「空間」軸向的刻畫堆疊，才產生出獨特的在地風貌。「你會從小小的種子發展出龐大的脈絡。」

他的菜園裡，輪作區有豆類、穀類、根莖類、花生，玉米旁邊種植豆類，玉米莖桿之後可供豆類攀爬，紅藜、白藜、灰藋和向日葵當作綠肥、或與匍匐性豆科和蕎麥交互種植，作為季節性的雜草抑制；近水源作獨立淹灌區種的是瓜類、季節葉菜和蔥；林緣地帶則有薑科作物接收自然掉落形成的落葉層當堆肥……這期作光是地瓜就有六種、芋頭六種、豆

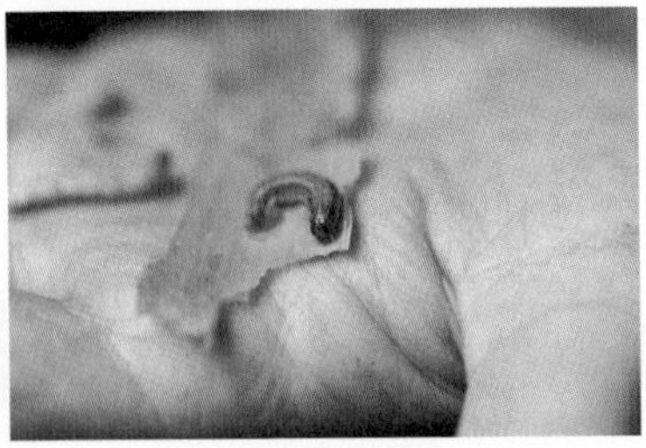

類數十個品系，問他這麼多品項，都只種一兩畦，要做什麼呢？

「因為作物生長期間的觀察很有意思啊！」他不是專職農夫，不是育種家或農業改良研究員，種植的意義不為了催生大產量，保種倡議人的菜園要具有更多的包容性，像是多年生的、可持續採收的家庭草藥有艾草、魚腥草，隨季節還會長出鼠麴草、雞屎藤、大飛揚草、白花蛇舌草，野菜昭和草、黃鶴菜、薺菜、山芹菜以及自然包材姑婆芋等。

「應當要一年四季都有植物可採收與分享。」春分之際，菜畦和走道間長出茂密的雜草，例如野莧，簡子倫的太太小紅（林瑞怡）會快手地將柔嫩葉菜採收，留下的部分則由他翻埋入田裡，雜草轉化為豐厚的有機質滋養泥地。

「這塊田去年渡冬的玉米整批只有一穗是完整的，栗腹文鳥的啄食造成表面坑坑疤疤，讓我很頭痛。」後來他不趕鳥，還說要留些食物讓牠們過冬，「我發現，玉米收完了鳥會繼續吃狗尾草種子，後續收的小麥則沒有鳥害。」所以雜草也得留著，伴隨著輪作區栽種的作物共同生長，一起開花結籽。

約十年前，保種念頭剛在心裡萌芽時，或許是藝術科系出身自然而然地以策展方式思考，他成立「種子野台」，改裝一台腳踏攤車騎進部落社區，一邊分享閱讀一邊蒐集種子。二〇一三年申請獲得龍應台「思想地圖」贊助前往印度，他看見由種子銀行、在地農場、地方婦女發起的保存種子網絡，為重建食物體系所展開的「社群」合作模式。「我從印度回來就打槍自己，發現原來保種不必重頭開始，不必單打獨鬥。從地方的需要出發，找不同的團隊人才進去協力。」

回台灣後，種子野台多了一個口號，「讓留種成為美好的日常」，種子必須留在在文化主體發生的地方，因為有了關係，它才不會不重要。背後包含在

地族群的文化與情感記憶，需要被挖掘與採集，但是，從種子延伸出如此多元龐雜的訊息，要從何開始著手進行呢？

「一個品種之所以能留存，是因為之間產生的情感、文化味蕾的連結……」，二〇一八年子倫受邀「森川里海溼地藝術季」，於花蓮豐濱鄉復興部落進行創作，同時展開種子的田野調查，老人家的家庭菜園藏有豐厚的日常飲食系統，因此他首先不斷探詢著，哪個品種是地方的人所懷念的？將其他阿美族部落蒐集到的種子一字排開，一顆顆問著，當觸及其中一支品種，一位老人家開口問，「是 falinono 嗎？如果有，拿一點點來，我們來種一分地就好。」找到了在地想要延續的味道與記憶，就能開啟內建的保種行動三大原則：理解、想像與認同。

第一是理解：是最有趣的階段，也一直在做。某個種子被留下（或是沒有）的真正原因是什麼？這需要花時間充分探索作物的背景知識、與族群□經濟□時代□文化的關係。

第二是想像：想辦法以展覽、食農體驗等行動，創造讓傳統品種有被重新認識、帶進生活的機會。

第三是認同：成為地方共感，這是最難也最重要的。可能只有老人家知道某種作物的重要性，如何帶動在地人產生「這東西真的是寶物」感受，才能真正回歸成為地方食文化，是一種回歸的收斂過程。

「各族群保有種子的人是自己文化的主體，我充其量只是協助說故事，現在做每件事情，其實都是在完成這三條線的脈絡。」例如執行花蓮林管處委託慈心有機農業發展基金會的「回家扎根 malavi」紀錄片拍攝，然後將概念延伸，於松山菸廠展出互動裝置「煮一鍋以時間為名的豆豆湯」，作品的豆豆抱枕最後送返地方，成為部落的教育資源。

簡子倫將保種工作經驗，轉化為社區藝術方式呈現，希望觸及保種領域以外的受眾。

二〇一六年末，突如其來的心肌梗塞讓簡子倫在家調養了近一年。「這樣的身體還能做什麼？」這期間沒有力氣，也不能走遠，他卻發展出一套絕技，種植家門前小菜圃，結出各式各樣琳瑯滿目的種子，達成極高的豐富性。

靜養後的隔一年，他開始專注紀錄片拍攝與影像剪輯。這個想法有部分源自於二〇一六年獲得「流浪者計畫」贊助，赴日本展開一趟「古來種」巡禮，當地運用各式媒介例如攝影、或結合料理分享的紀錄片活動，讓傳統品種重新帶進人們日常。再加上第三世界游擊電影的啟發，簡子倫此時確立了影像作為後端的強大力量，「若能將種子的脈絡收編在短短幾分鐘影片之內，讓品種的田野圖像具體的在眼前浮現，故事被好好地訴說之後，就能產生更多串聯及運用。」

每一次保種路途上的察覺，他慢慢建構出獨特的思維，在印度驚喜地發現了北印山區仍留著傳統的農

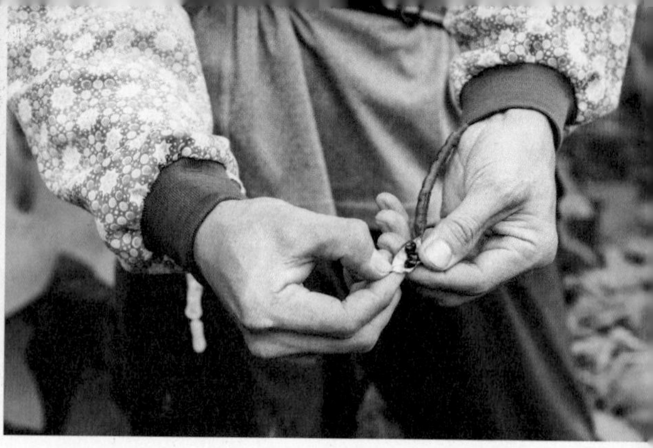

作循環智慧，一種圍繞著「龍爪稷」的兩年輪作體系，類似台灣小米文化的燒墾耕作順序，至少有十二項品種混合種植。它是農牧混和的生態智慧，農牧廢棄物也能再回歸循環，滋養萬物。

整理影像脈絡的同時，他連帶梳理了內在，發展出一套獨有的工作準則，並將印度經驗與台灣的保種工作相互參照，部落採集故事時，他觀看每個地方獨立發展出的原生智慧與農耕模式；自家採種時，他悉心打造一座能照顧多樣族群的生態菜園。

從菜園回到屋內，簡子倫曬網上晾著做性狀觀察的豇豆屬作物，一盤長豆、一盤短豇豆，同一盤卻有十多種不同性狀，豆子長或短、圓身或扁身、美麗的淡紫色、深黑色、褐色、花雜斑紋……一般人很難察覺的微小區別。

「這豆子有長豆與短豇豆的特徵，是它們的寶寶喔！」他指了其中一支豆子，豆莢長度、軟硬度像某種長豆、豆身斑紋卻像短豇豆。子倫這時提醒著：「豇豆大多是自交植物，除非刻意雜交，否則大多維持原有性狀，但這支豆子意外有著融合長豆和短豇豆的表現。」他讓菜園維持多樣化雜草，留意各個季節皆有開花植物供給蜂群，每日滿懷欣喜的盯著周邊發生的微小奇蹟，然後謙卑地收下大地賜與的嶄新傑作。

「我沒有錢，但可以用田裡收成感謝她們的餽贈，或是代為尋找他們心裡想找的品種，用種子去建立關係。這是卓溪的 tina 給的、鳳林的 fayi 給的、那是和吳大哥媽媽換的……」對他來說，種子不只連結了過往的食物體系，也牽連著交付種子那個人的心意。

「沒有錢，至少口袋還有種子」，種子野台

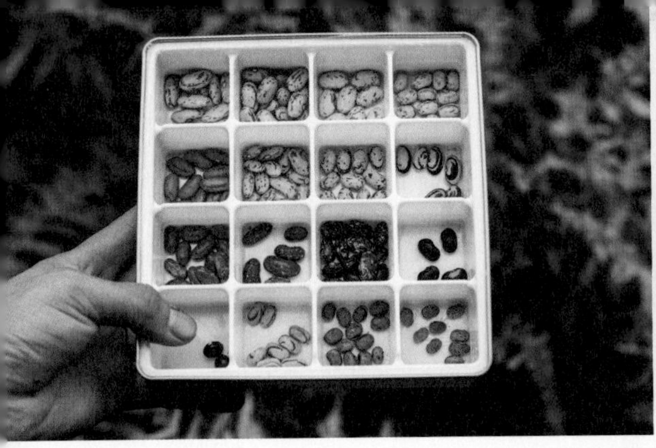

自家採種：可保有作物的詮釋權。例如，可觀察豆莢和種皮在色彩與型態上的差異，蔓性和分支性，耐熱或耐濕、風味等，不同品種的性格會顯現出來。左圖是進行花豆系的對比工作，以外部品種跟布農族的品種做對照。

為種子發聲，未來子倫計畫組織地方品種協力隊，找部落裡外的人一起守護，在我們生活的周邊，則可以從自家屋後的家庭菜園開始，包容人類與其他物種、與自然共生的關係。你將會看見，一個完整的農業生態系統，也看見既單純又豐饒的，自我的內在。

好食推薦

艾草饅頭

摘採艾草的嫩葉，川燙後撈起來用冷水漂涼，瀝乾水分拌點糖，和入麵粉、糖、酵母、水，揉成麵糰後，靜置發酵成兩倍大，桿壓出空氣後分割整型成饅頭樣，再靜置數分鐘後放入蒸籠蒸熟，香氣滿溢的艾草饅頭就可以吃了。——林瑞怡

友善畜牧
天然牧草飼養
慶錩牧場

文字——劉光容

謝謝動物，奉獻自己的生命。——陳嘉勳

陳嘉勳打造架高舒適的羊舍，再搜集山羊排遺飼雞，以循環農業方式降低環境污染；放牧空間廣大，植滿各式天然牧草。「天氣好時，上午就放羊群出來吃草，傍晚才趕回羊舍。」這是他對工廠化畜牧的抗衡，立志要做到，台灣第一個本土黑山羊的有機牧場。

陳嘉勳是慶錩牧場主人，三十出頭年紀，理著小平頭，蓄山羊鬍，身型壯碩，站在遼闊的牧草地上乍看會以為是從蒙古來的牧羊人。以最疼愛他的外公之名「慶錩」作為牧場名稱。

「小時候在鄉下時常看見山羊在收割後的甘蔗田裡嚼甘蔗頭。以前聽老人家講，羊肉性溫補，是很好的食材，但為什麼注重養生的現在，吃羊肉的人反而比較少？甚至媒體報導紅肉會致癌？是不是吃太多飼料，讓牠成為『不好的肉』？如果用純天然牧草飼養，是不是可以讓羊肉回到最初單純的美好？」七年多前，陳嘉勳來花蓮玩時喜歡上這塊山邊土地，心裡的疑問成了他移居花蓮的動力，開啟養殖台灣本土黑山羊的畜牧生涯。

他認真的做功課，原來台灣本土黑山羊是鄭成功時期被引入，在台灣落腳已三百多年，適應台灣濕熱氣候環境，有體質強健、耐熱、耐粗食、不受繁殖季節限制等特性。其羊隻特徵是骨小、精肉率高、油脂分布少，飼養兩年成體大小約三十至四十公斤。惟相較其他品種羊隻體型較小、生長緩慢，所以飼養成本高昂，不易受到傳統養殖戶青睞。

在傳統工廠化畜牧（Factory Farming）中，常見的問題有：大規模飼養禽畜，動物的生存空間狹窄，動物身心無法健全發展；大量排遺集中汙染土地與水源；大規模土地種植基改食料；農藥污染河川與土地，並間接破壞森林與野生動物棲地；在牧場動物身上施加藥物增加養殖效益，但卻對人體產生負面影響……。以上的現實狀況，在慶錩牧場都看不到。

初來東部，對生活環境的不適應，加上堅持飼養的黑山羊成長期需兩年，在尚未長成、無法售出前，陳嘉勳都一直在咬牙硬撐。牧場經營遇到疑惑，就不斷看書、找專家、問畜產所、上網找資料、或是自己嘗試，摸索出一套牧場經營之道。

架高的二樓羊舍，一群群比狗略大的黑山羊窩在羊

因為台灣黑山羊肉的市場逐漸被體型大的外國品種取代，農委會畜試所於 1987 年展開國家級保種計畫。依其耐粗食的特性，使用本土穀物或牧草進行有機飼養，可做市場區隔。

圈中頗為自在，地板是特別訂製的醫療級不鏽鋼網目，有助於山羊排遺穿過孔洞落地，羊舍得以保持清潔、無味。羊舍底下的地面鋪稻草，撒上益生菌，高度足以讓大型機具進出，可定期更換地面稻草，高高地堆在一旁經過兩年時間的日曬、發酵，就成為優良的堆肥，又可供應牧草地養分。位於中央山脈山腳下的牧場，其中三公頃土地緊鄰高壓電塔，是大家避而遠之的空間，卻是陳嘉勳一見鍾情的放牧地，「這裡，很適合以循環農業的方式運作，除了降低外部生態成本，沒有人來耕作就不會亂灑藥，可以確保我的羊吃的都是天然食物。」

如此大片土地種植不同芻料：牧草、中藥材、香草植物等等十餘種食草混種，一年四季供應牧場一百五十餘隻山羊食用。羊吃草會排便，也就散落在牧場土地上兼養地。陳嘉勳未來還想要養台灣黃牛，交替放牧，「因為牛糞較為濕潤，可以讓養分直接滲透到底地，更全面的照顧這片土地。」

認同動物權益、堅持放牧的友善養殖，而想要成為台灣放牧有機牧場，同時可與市場做區隔。但這絕非易事，目前台灣僅有雞蛋符合規範以有機名號販售，尚未有豬、羊、牛等肉產品通過規範。由於目前台灣沒有以整體環境來評定為「有機牧場」的評審標準，而是以「有機畜產品驗證認定評審標準」，所以是回推其生長過程中的食用牧草、屠宰場、切分場各環節均須逐一符合有機規範。以純牧草飼畜牧，種植芻料的農地也必須通過有機認證，這也是陳嘉勳在努力的方向。

「避免肉源混淆，送宰時我都申請第一隻進場。」陳嘉勳需要傍晚先把羊送進花蓮的屠宰場，然後連夜驅車帶著冰庫遠赴南投的分切場分切包裝，再低溫寄送至訂貨者手中。一切辛苦都是為了維護品質，「人家說我的羊最大的特色是『有肉香、不腥羶』。原來是吃飼料的羊為了增肥快、油比肉多，古早單純羊肉味已不復存在。」辛苦這麼多年，目前開發出了市場，供貨至台北、新竹的優質餐廳。

「想當初，長得慢的台灣黑山羊可是沒有人要的羊呢！」回想山羊養成期根本沒有收入，他絞盡腦汁想到的解決方案是：搭配飼養有機放牧雞蛋。中央山脈腳下的日夜溫差大，蛋雞食物攝取多元，慶錩的蛋黃脂質飽滿，甚至可以徒手捏起蛋黃，入鍋香氣四溢。

好食材吸引識貨人，「日本駐台代表，連續幾年，每天早上都要到我供貨的餐廳吃一顆生蛋拌飯才甘願去上班！」陳嘉勳笑著說完後認真地說：「就是這位駐台代表的堅持保住了我。因為我的牧場規模小，偶爾大飯店做活動，一天就要用掉上千顆，我每天最多只有九百顆蛋，有幾次差點被換掉。」因為品質好，於是陸續在北部百貨公司設櫃販售雞蛋，慢慢有了餐廳指名選用，甚至北部的

米其林三星餐廳選用老母雞做高湯湯底，牧場打開名聲，逐漸有了收入。

有機放牧的雞蛋形狀大大小小千奇百怪，過大、過小的雞蛋在運輸中難免損傷，他堅持規格到才出貨，卻造成過多的格外品，於是嘗試將雞蛋做成蛋捲販售，沒想到一炮而紅，甚至出貨香港。「這些其實都是好東西！」陳嘉勳驕傲地說。

把羊送進屠宰廠前親吻羊的頭頂說聲謝謝、屠宰過程會放地藏經感謝羊付出生命，陳嘉勳有一副軟心腸。他養了二十多隻被棄養在牧場門口的狗，如今都在牧場擔負起了牧羊犬的責任。他常掛在嘴邊講，「牧羊人每日每夜辛苦勞動的牧場生活裡，那些曾經不被看好的生命，有一天會揚眉吐氣。」那時，一定是他最驕傲的時刻。

好食推薦

沙茶羊肉片炒芥藍

羊肉片用醬油與沙茶醬略抓，放半小時讓它入味。芥藍菜切成約一口大小，梗和葉分開放。起鍋熱油，先下一點薑絲用中火爆香，下芥藍菜梗炒兩分鐘，再下羊肉翻炒兩分鐘。下芥藍葉時轉為大火翻炒，然後蓋鍋轉中火悶一分鐘。掀鍋蓋再下一點薑絲稍微翻炒，完成！—— 陳嘉勳

有機農業推廣

生產、生態、生活

花蓮區農業改良場

台灣的有機耕作從一九八七年萌芽，至今發展已超過三十年。透過友善環境、不使用化學肥料、農藥零檢出等概念推廣，「有機」逐漸在一些消費者心中產生意義，在購買食材時願意以此為選擇。

花蓮區農業改良場（以下簡稱花蓮農改場）自一九九〇年代起，就將推廣有機耕作視為主要工作目標之一，扮演著花蓮有機農業發展的重要推手。依照行政院農糧署統計，二〇一九年花蓮縣內通過有機認證的農業面積超過兩千三百公頃，佔全國百分之廿四點九，栽種面積居全國之冠。花蓮農改場幾位主責同仁們說起有機推廣的歷程，自己的人生也融在故事中了。

文字——游家榕

為了推廣有機，浪漫想法真是不斷長出來。——宣大平

「剛開始的時候，農友充滿懷疑說，不施化學肥料、不灑農藥，怎麼種得出來？」一九九四年花蓮農改場首先投入台灣有機耕作的試驗，副場長楊大吉說：「那時有機在台灣才剛起步，都沒經驗只能且戰且走。首先，要找實驗田。」在不斷說服下，終於在富里學田有了第一塊有機水稻的實驗田。

化學耕作的田剛轉有機耕作，土壤缺乏有機質，還需要面對各種病蟲害，第一年產量只剩原本的六成，但仍有幾千斤，要怎麼賣？祕書宣大平說：「那時候消費者對有機還沒有什麼概念，所以農友和農改場負責推廣有機同事們，都要很努力去找各種管道行銷。」

試種成功後，推廣計畫又延伸到花蓮銀川、玉里、東豐等地。接著一連串工作：品種試驗、辦理栽培技術課程、研發有機肥與病蟲害控制的資材，並透過其他公單位如農林廳（現為農糧署）、縣政府與各地農會協助活動促銷。

「有機稻田成功後，二〇〇二年當時的場長提出浪漫想法，想建立一個有機村。」即便同仁們抱持疑問，還是著手進行，尋找有區隔性、獨立水源、適合發展有機農業的區域，最後選定富里的羅山村。宣大平說：「我們積極說服，仍有一些不願意參與的農友，就請農會出面，把田地承租下來。」

決心明確，就著手整合農改場內各組，水稻、果樹、雜糧等各個面向，制定發展目標。推廣科也進駐羅山村，與當地總幹事合作、成立推動委員會、向農民開說明會、與農會合作凝聚共識。近兩年後，羅山有機村成為全台灣第一個有機示範村。

「浪漫想法真的是不斷長出來。有人提議，可以擴大推廣成有機聚落啊！」宣大平笑著說：「因為羅山村旁邊還有竹田、石牌、永豐及豐南村啊！」擁有純淨水源及肥沃土壤的富里，從此成為全台灣有機種植面積最大的鄉鎮。同仁們很有默契，二〇〇八年將富里的五個村落集結起來，協助發展

花蓮縣豐濱鄉新社的「森川里海」，是台灣第一個根據「里山倡議」實踐的示範點。

在地解說導覽等能力，建立起「富麗有機樂活聚落」，期望將農業升級，亦可增加農民收入。雖然最後沒有達成五個村都成為有機村的目標，卻也累積了更多願意參與的農友，也成立許多產銷班。

接著，花蓮與台東的農改場合作串聯，「東部有機休閒樂活廊道」逐漸成形。台灣有機農業邁入新的里程碑，結合地方特色的體驗活動、小旅行、從產地到餐桌，朝結合農民生計、生產、生態三面向的「生態服務型農業」邁進。楊大吉補充，「生態農業，強調以地景尺度觀看有機耕作，在森林、水域、人類居所及農業用地間，取得平衡。」

二〇一九年東華大學李光中教授、林管處、水保局等多方單位合作，農改場也參與其中，促成台灣第一個「里山」的美麗想像。里山倡議（satoyama），以複合式農村生態體系為對象，強調人類與自然的和諧共生關係。第一個示範點，是位於豐濱鄉加塱溪出海口的新社與其上游的復興部落，連結成為從

森林到海岸的生態網絡「森川里海」。

副場長楊大吉頗感欣慰，「農改場在有機農業推廣初期，著重在技術指導、有機肥、防治病蟲害等，解決農友栽種的困境。有機的技術成熟後，導入生態環境的概念。直到將尺度擴大的森川里海，才真正實現與生態共生的有機產業。」

農改場長期與農友一直保持合作，彌勒果園的黃彥儒說：「我們有參加產銷班，開會的時候，農改場也會派技術人員參加，我們提出所遇到的問題，有時他們會直接約到田裡幫忙找出原因。」

農改場亦會主動尋求與在地有機農田合作實驗。例如，農改場與興瑞有機果園合作試驗種植草毯，希望能減少農友除草時間、增加土壤養分，因此開啟了游振葦對於草毯的研究，「經過更多實驗，現在我用的草毯與當初試驗的已有不同。最初選用的草種是可以食用的，維護成本較高，也不耐踩。後來我試過很多種，發現我這裡適合蔓花生跟魚腥草，但多樣性仍在試驗中。」

推動有機成長與擴展消費市場之間達成平衡，也是要努力的事。以花蓮縣為例，花蓮縣自二〇一五年起，在中小學校推行每週一日的營養午餐食用有機蔬菜，更在二〇一八年推動學童連吃一個月的有機米飯，隔年更延長至兩個月食用有機米。然而，這樣的推廣合作能照顧到的是具有一定規模的有機農場，有機小農仍需面對「銷售」的挑戰。宣大平認為，「將有機農產製作成加工品，或是推廣農村體驗同時販售農產品，應該是目前的兩大方向。」

二〇一九年底通過《農產品加工及驗證管

花蓮農改場有自己的試驗田、蔬菜溫室以及打樣中心。從種植到銷售，都要試著幫農友先踏出一步。

理法》修正草案，花蓮農改場亦先於前一年底成立「農產品加值打樣中心」，設置多種配合在地農產品加工的設備，讓小農來免費預約。農改場作物環境課助理研究員陳柏翰說：「許多農友會想將農產進行加工品開發試製，但加工所需的成本跟時間必須納入考量，也會有銷售的壓力，這些都是我們不斷和農友溝通、也想要一起解決的。」

打樣中心有一個牆面記錄著試營運的第一年，有超過一百件的申請案件，農友們嘗試了稻作、雜糧、蔬菜、果樹等不同種類的作物加工。幾位主責的同仁彼此笑說，推廣有機做到快退休，「大家仍在互相學習。」陳柏翰拿出已協助上市的南瓜脆片分享，也透露目前玄米的焙炒類產品也有上市的可能。即使是小小成績都是激勵，相信後進會繼續接棒。

好食推薦

南瓜片

打樣中心第一年協助上市的「謝南瓜」，用花蓮東昇南瓜與栗子南瓜做成脆片，只添加了棕櫚油、麥芽糖、鹽，是很健康的零食，口感香脆，多吃幾口也會有飽足感。——陳柏翰

銷售

大地禮物，全力以赴

傳承創新 茶與咖啡的合作

吉林茶園、Ba han han non 好茶咖啡工作室

文字——黃美燕、王玉萍

茶和咖啡是長輩留給我們的禮物，不要讓它斷掉！——彭瑋翔

只要遇過彭瑋翔的人很快就會喜歡這個沉穩、坦率又朝氣勃勃年輕人。他是吉林茶園的第四代，一手創立的「Ba han han non 好茶咖啡工作室」有明快工業風，走到後場就是製茶廠，這裡有瑞穗出產的好茶和好咖啡。

花蓮瑞穗鄉舞鶴台地所產的蜜香紅茶，甜潤回甘有清郁蜜香，第一次喝到的人忍不住會問：「這紅茶是加了糖？」突出表現打破一般人對高山茶的概念，因而打響知名度。其特別之處在於茶園不能使用農藥以保留小綠葉蟬良好的棲居環境，於是二〇一〇年左右，幾處茶園就在茶葉改良場的輔導下，紛紛走向自然無毒的栽種方式，其中包含吉林茶園。在第三代負責人彭成國認真經營下，吉林茶園的蜜香紅茶是比賽常勝軍，曾在瑞穗鄉農會舉辦的蜜香紅茶比賽，一口氣拿下十個獎項的大滿貫，創下難以突破的紀錄。

身為茶園第四代，彭瑋翔投入製茶之路並不浪漫。與爸爸彭成國討論並審慎思考後，退伍後即返鄉協助家業。茶業這一行，每個環節都是真功夫，爸爸在茶園管理太忙無暇由基本教起，自小在茶園長大的彭瑋翔只能積極找機會學習，配合茶改場的課程並四處求教，積極的態度得到前輩們欣賞與不吝指導，現在的他已能與爸爸對話討論製茶。

提起爸爸作茶的功力和天生敏銳的味覺，彭瑋翔很佩服，也遺憾沒有遺傳到。而他不常提及的是，自己在七年多前開始茹素，嚴格自律只為讓味覺更清晰。「家族是由楊梅過來，世代製茶，我是長子。很多觀念爸爸覺得要堅持就一定會堅持，但我認為該堅持的，他反而覺得可以變通。」他說出返鄉年輕人面對長輩會遭遇的苦惱，工作需要合作、理念也需要溝通，後者是更費心思的。

在茶的烘焙管理上，彭瑋翔提出環境衛生的考量、用機器製作拼茶、把數據重量精準化、確保每批茶都有一致的風味。但這些，在憑手感和味覺敏銳的爸爸聽來，顯得多餘。他常開玩笑說：「我的媽媽是阿美族、爸爸是客家人，但我只有脖子是客家人。很多東西其實我也聽不進去，但是對真的好東西，我會去消化，多開拓視野，也可以理解更多，不會一味抵抗。」對於溝通，他覺得最好的方法是，「先做給長輩看。」

傳統茶業的行銷方式是每年參與重要比賽，得獎的茶在市場價格自然高漲，成為送禮最佳選項。但彭瑋翔覺得準備比賽投注的心力和成本過大，也預見到傳統通路及客群日漸萎縮，必須積極開拓新的行銷模式。他首先針對新品設計出意象清楚而年輕化的包裝，同時經營官網、部落格和臉書，舉辦體驗活動，並常接受媒體報導增加曝光度，這幾年的改變逐漸在傳統茶禮市場顯得突出。甚至後來接觸到咖啡、成立對外營業的Ba han hannon好茶咖啡工作室，一步一步推著吉林茶園和年輕客群展開對話。

彭瑋翔投入咖啡產業，其實是個意外。舞鶴台地有北回歸線經過，氣候早春晚冬，紅土壤富含礦物質，海拔高約兩百至三百公尺屬山坡地形排水性佳，是茶與咖啡都適合種植的區域。彭瑋翔的媽媽就是位於舞鶴台地迦納納部落的阿美族，部落在日治時期曾種植出進貢給天皇的咖啡豆，政權移轉後咖啡園就荒圮了。數年前因為有在地人推動，他的阿姨再

吉林茶園：契作茶園的採收都會回到自家製茶廠親自烘焙，客人可以品嚐、提問，選出最喜歡的風味茶。

度照顧起咖啡樹，產出卻不知如何是好，所以請他幫忙想辦法。

於是在茶廠下班後，他開始研究咖啡處理法，漸漸地村裡人也會把採好的豆子送來。他形容自己「比較龜毛」，一旦接觸了，就從頭到尾都想做到，烘豆、冷藏設備不斷增加，熟練後發現咖啡和茶這二大生活飲品的觀念是可流通的，開始將二者的烘焙與沖煮技術交相為用，發展出受歡迎的「鑽石迦納納咖啡」。

點子多到不行的彭瑋翔，笑說很多是隨便亂玩試出來的，「小時候很皮，是個破壞王，弄壞別人東西常被大人修理。」其實他是個看到問題就不能放著、一定想辦法改善的人。不論茶或是咖啡，每個產區都有自己的優點、缺點，如何呈現獨特性，修飾掉缺點並在其中找出新意，靠的都是長期累積的真功夫和無限大的熱情、耐性，Ba han han non 好茶咖啡工作室，就是他的理念實驗室。

Ba han han non 好茶咖啡工作室：這裡是接待體驗行程、烘焙與研究咖啡的場域。

工作室假日是店面，歡迎客人和吧檯的夥伴聊聊關於茶、咖啡或者迦納納這個地方，也提供預約製茶體驗。彭瑋翔說，在外地唸書時，休假經常有朋友來訪，只能介紹特定熱門景點，對於家鄉鮮少能深入介紹。回鄉工作後他開始反思：製茶過程繁瑣，從油綠枝葉到細小茶乾，都是製茶師經驗的積累及細心處理，最終端茶上桌，客人才得以飲一口茶，這些都是很值得分享的茶農日常。「推出各種體驗活動，就是希望大家多一點時間停留在我們村裡，體驗內容就是我的生活總和，讓大家認識順應土地而生的產業。」

他的爸爸常會到工作室後面的製茶廠工作，偶爾也會看到父子一起討論茶菁的狀況，一路看著兒子創立的工作室幾年下來的成長，必也覺察到有更多路過的人會進來體驗茶、品茶。彭瑋翔正在著手建立一個新的寬闊場域，結合茶園導覽體驗，呈現商品背後更多豐富內容。這一切進展的過程其實都非常辛苦，很珍惜現在一起努力的工作團隊，也時常與花蓮南區在地青農們聚集討論、串連活動或支援在地的市集、音樂節等。甚至在二〇一九年，彭瑋翔還主動發起了手沖咖啡大賽，「現在能擁有的，是長輩給我們的禮物，既然有了就善用，不要讓它斷掉、浪費，要朝未來走去。」

Ba han han non 在阿美族語有稍稍停留、休息的意思。當路過此地不妨進來，聽聽這些年輕人說茶或品咖啡，你會喜歡上的。

農事體驗：農村少有的年輕團隊，推陳出新選項多元，職人級的兩天茶農工作、文化的客家酸柑茶製作，或輕鬆的蜜香珍奶教學。

好食推薦

酸柑茶

客家庄名產酸柑傳統是採用虎頭柑，我們在 Ba han han non 則會依不同節令的瑞穗在地水果來製作，如柑橘類、柚子、百香果、檸檬等等，也是客家傳統文化和在地物產結合的體現。

作法是將果實挖空填入茶葉後，用細線紮緊果實，歷經九蒸九曬，製作完一年後風味才會比較好。過程中果實會不斷因風乾水分流失而縮小，需一再地拆開棉線再綁緊，酸柑茶完成後有如石塊般堅硬，敲碎後沖泡飲用。—— 彭瑋翔

實體通路

小農們的交流場域

健草農園、禾亮家香草、花蓮好事集

文字——王玉萍、黃薪蓉

有機友善作物的銷售管道堪稱五花八門，有機商店、超級市場小農專區、網路宅配、市集擺攤、長期支持型訂購、食農體驗行程推廣……。

與客人互動，幾乎成為從事有機友善耕作者的工作項目之一，農夫自己開店更是如此。

一直覺得你們都很努力的在回饋給我，都已經表現出最好的狀態了，只能說謝謝啊！

——陳錦慧

健草農園回收紙箱手寫各農友的產品介紹，隨時更新也成為特色。

「健草農園」與花蓮市重慶市場有一段距離，不是逛市場時就會走到的店面，客人是跟著店主人過來的。約十二年前，陳錦慧在重慶市場路邊租攤位，賣先生種的友善蔬菜，偶爾加一小區，就會老實地寫牌子「媽媽種的一般農法蔬菜」，價錢比較便宜。那麼，友善蔬菜怎麼定價？「我會參考有機商店與傳統市場的菜價，然後設定在它們中間。」在傳統市場擺攤真的有人願意購買嗎？她坦言：「還是會有客人覺得貴，我寫海報也會當面說明一下，我們的耕作方式沒有除草劑、沒有農藥、也沒有化肥，只是這三點，就已經說服到一些客群……」面對面的溝通交流，長期下來跟客人累積一定的默契。

有時遇到颱風天，有機友善蔬菜的價格相對穩定，她會先在網路群組貼心詢問是否需要留菜。「因為是好幾年的客人，所以不能說他平常都買我們的菜，突然外面一般的菜貴了，他反而買不到菜。」搬到中福路成為小型社區商店，店裡有一箱寫著不同農場與產品介紹的牌子，原來也幫其他農友銷

售，「友善食材不是全年都有，所以要按照季節換牌子。」店面擴大，也服務到其他農友。

二〇〇八年，陳錦慧與日籍池田先生、兒子搬回花蓮，在父母的農地上從事友善耕作。「剛開始爸媽很不習慣，覺得也是有人把有機耕作的經濟規模做得很大，像是用網室或蘇力菌、防治蟲害的資材，但我們不想用這些東西……」位於知卡宣公園旁的健草農園，占地不大一眼覽盡，四季輪替豐富多樣的作物種類，還有少量香草，「這個區塊主要都是我在整理，因為不懂的人會以為是雜草呢！」她在日本時因為懷孕與過敏的不適，學習香草輔助療法。「以香草作為藥用植物，施種過程盡量少肥少水，自然緩慢的成長過程，會把營養都留在作物本身。」市場上不少蔬菜都可作為藥用植物，像茴香、韭菜、大蒜、蔥、香菜、巴西里等，然而為了符合大眾對於鮮嫩口感及食物外觀的追求，農人以大量水分與肥料澆灌，成長快速也把對人體好的成份稀釋掉了。

「我們幾乎是把蔬菜當成香草植物在種。」有些客人剛吃到他們的菜會覺得口感太硬，但是吃習慣後說：「哦！你的菜味道特別濃！」即使要等待比一般農夫多一倍的時間才有收成，他們也願意，只為讓客人吃到健康有味道的好食物。

同樣是農夫開店的「禾亮家香草」，過去銷售主力是在網購，市區店家固定採用或寄賣，也到市集擺攤。女主人黃靖雯說：「我先生一直有開店的夢，想跟客人介紹各種香草。」二〇一九年，如願在孩子的學區租到房子。「就近接送小孩、客人也不用再大老遠跑到農場去買。」

農夫的店特色在於，客人能停留採買交流。陳錦慧說：「畢竟是客人要吃的東西，或許有自己的堅持，但還是要聽客人的聲音來調整。」瞭解需求，農夫樂意在田裡種出客人需要的好食材，也能經由觀察培養客人的需求。例如：健草農園不定期推出農夫廚師便當、節慶時銷售湯圓與粽子等。禾亮家香草則在門市

家市集與禾亮家香草的合作，相互帶來便利性與人潮。

設有吧台，平日提供香草飲料，不定期邀請廚師來開設香料課程，增加客人的興趣與能力。

每月有兩個週三下午，禾亮家香草會變身為社區小市集。「店開幕時，我邀請了家市集的攤友們一起來熱鬧。」沒想到攤友們後來乾脆把市集移地。雙方合作愉快，家市集在粉專介紹當週的生鮮熟食，客人可預約；禾亮家香草幫忙協調隔壁店家，為越來越熱鬧的市集找空間擺攤。

小農與市集合作，最具資歷的是二〇一〇年成立的「花蓮好事集」，最初因為莫拉克颱風造成公路中斷，蔬果無法運出，農夫們以「好人多的地方總有好事發生」為心念籌組在地市集；五年後正式成立為協會組織。每週六透早，農友們到農場採收最新鮮，驅車前來市區聚集。有經營宅配服務的農友，會相約彼此供貨，讓宅配箱更為豐盛。二〇二〇年，互助更進一步，市集理事長黃彥儒鼓勵合作推出當季食材料理的「農夫早餐」，供客人在市集享用。

幾乎每個農夫都能朗朗上口地作介紹，退休後從農的夫婦對預約參訪的大學生們說：「我們農場白天沒有關門，你們可以直接進來逛，樹上很多獨角仙……」年輕人即使無法立即覺察到，「吃，可以連結人與土地、人與人的關係及記憶。」應該也會降低「農業遙遠又陌生」的觀感。

在禾亮家香草門口擺攤的年輕女農說，在沖繩打工度假時，工作的餐廳門口有假日小農市集，餐廳用的也是小農食材。「看農夫們介紹友善農作物時神情健康愉悅，希望也能這樣過生活。於是想到，我們家就有一塊爺爺的農地啊！」

陳錦慧說：「以前在推廣有機的時候，會

花蓮好事集的農友們，用宅配箱幫忙彼此代銷、現場一起製作推廣農夫早餐。

說是為了有健康安全的食物，現在我覺得要看得更廣，就是要更加友善的對待環境。」夏季夜晚農園裡充滿蟲鳴蛙叫，有一次，池田先生站在二樓陽台說：「我們的田這麼熱鬧。」她回應：「啊！水田不是都這樣子嗎？」池田先生搖搖頭說：「那妳去聽聽看隔壁的。」她就站到陽台另一邊，真的完全沒有聲音。夫妻倆友善的心對待小小一塊田，大自然以豐富生態回應。

負責店面的陳錦慧說：「我也很喜歡在田裡拔草呀！只是還是得把我們種的東西推銷出去。」雖然力量不多，但從這裡去觸及影響其他人，包括健康、價值或是心情，就非常值得。黃靖雯笑說，「也是在農場裡看到原來有那麼多種香草，因為要負責賣就得品嚐，才知道味道層次很豐盛。」不會種植的她，總是能很生動地說給客人聽。

好食推薦

玫瑰洛神拉西

拉西（Lassi）是源於印度傳統的酸奶飲料，通常是將酸奶（優格）、香草或香料、水果、水混合而成。玫瑰洛神拉西，自家栽種醃漬的玫瑰天竺葵洛神蜜餞加上香草優格，噴灑上萃取的玫瑰天竺葵純露。這杯飲料製作簡單，然而從種植、醃漬、萃取……大約需一年的時間！—— 黃靖雯

農夫直賣

宅配的是生活

太巴塱 Ina 好野味 SEFI

「這些野菜就像很久沒聯絡的朋友，但它們永遠都在。」Daya（鄭惠美）說，她對傳統文化的認識與記憶，很多是從野菜而來，在太巴塱部落推廣阿美族的野菜知識，別具意義。雖然她也認為，太巴塱 Ina 好野味 SEFI 要穩定發展仍需要幾年，會面對更多的轉型，但野菜的販售會繼續做下去，「因為這就是 Ina 們的生活。」（Ina 是阿美族對女性長輩的尊稱）

文字——游家榕

很多野菜在餐桌上消失了，希望在我們這一輩，讓野菜被看見。——太巴塱的 ina

沿著台十一甲經過花蓮縣光復鄉熱鬧的街區，跨過光復溪進入阿美族部落，眼前展開一片寧靜廣闊，房子與農田錯落。山下一塊小小農田，是Daya與部落Ina們一起共耕的實驗農田，在這裡復育與種植木鱉果、蕗蕎、苦茄、紫背草等野菜。十二月了，許多蝴蝶在田間飛舞，楊秋菊Ina走在菜園間，彎腰抓起菜上肥碩的菜蟲，「不要看這些蝴蝶漂亮，它們的毛毛蟲一夜之間，就把菜吃光了！」菜園沒有施灑農藥，Daya補充，「我們採用的是『最自然的方法』，讓菜用最自然的方式生長，也是Ina們要種給家裡人吃的。」

Daya說，能移到山下種植的野菜不多，許多野菜無法人工栽種只能摘採，需要依靠Ina的經驗，到山林與田邊尋找。「阿美族從前能夠辨識約二百種的野菜，可是現在一般人能認出的不到三十種了，許多野菜已經消失在我們的生活中。」陪著Ina走進山裡時才會發現，原來還有許多未曾謀面的野菜。

Ina 隨著一年四季進行野地採集與照顧家庭菜園。圖為收成甘蔗、種植路蕎。

在天主教善牧基金會擔任督導的 Daya，從事部落社會工作服務多年。二〇一五年善牧基金會在太巴塱部落推動偏鄉地區部落婦女經濟自立，以及照顧服務實驗計畫，Daya 與部落裡的 Ina 們，開始運用部落閒置的土地，建立據點。阿美族通稱媽媽或阿姨為 Ina，是部落婦女們的另一個名字，具有照顧者的身份，「現在部落裡大多只有老人、婦女與小孩，Ina 照顧家庭的責任很沈重。希望透過計畫，緩解照顧的壓力，同時創造經濟的機會。」為了建立起與 Ina 們彼此間的信任，Daya 花了一年時間，跟著部落裡的 Ina 們，慢慢觀察部落裡的生活步調與習慣。

她發現，Ina 們都有自己的菜園，並且會將家裡多種的菜寄給在外打拼的孩子。Daya 期望能對外推廣阿美族對於野菜的料理與豐富知識，「我跟 Ina 們說，希望可以分享給更多的朋友，讓大家知道餐桌上，也能有更多選擇。」於是在二〇一六年定名為「太巴塱 Ina 好野味 SEFI」，開始行銷太巴塱部

落婦女種植的野菜。其中，「好野味」表示 Ina 對於野菜知識的豐富，而「SEFI」是阿美族語的廚房，意味著 Ina 們所分享的食物是來自於提供家人最健康食物的地方。

這些在大自然裡出現的野菜，Ina 們從小吃到大。她們每月設計一個野菜箱菜單，依照季節提供約十種不同的野菜。春天時，Ina 們採集南瓜、箭筍，夏天則有麵包果與牧草心，秋季的野菜箱則會放入木鱉果與山棕心，寒冷的冬天則有常見的野莧、昭和草等，每個月的野菜箱，都隨著時令變化，有著最當季的樣貌。

每逢寄送日，一早大家便會聚集在秋菊 Ina 家的戶外廚房，架設幾張簡單的桌椅，將剛摘採的野菜擺放整齊，由兩、三位 Ina 們熟練地將野菜整理成束，再用姑婆芋完整包覆野菜，以棕櫚葉綑綁，再放入蒐集來的紙箱裡，準備下午寄送。Daya 分享，姑婆芋比一般塑膠袋透氣，又能減緩野菜氧化的速

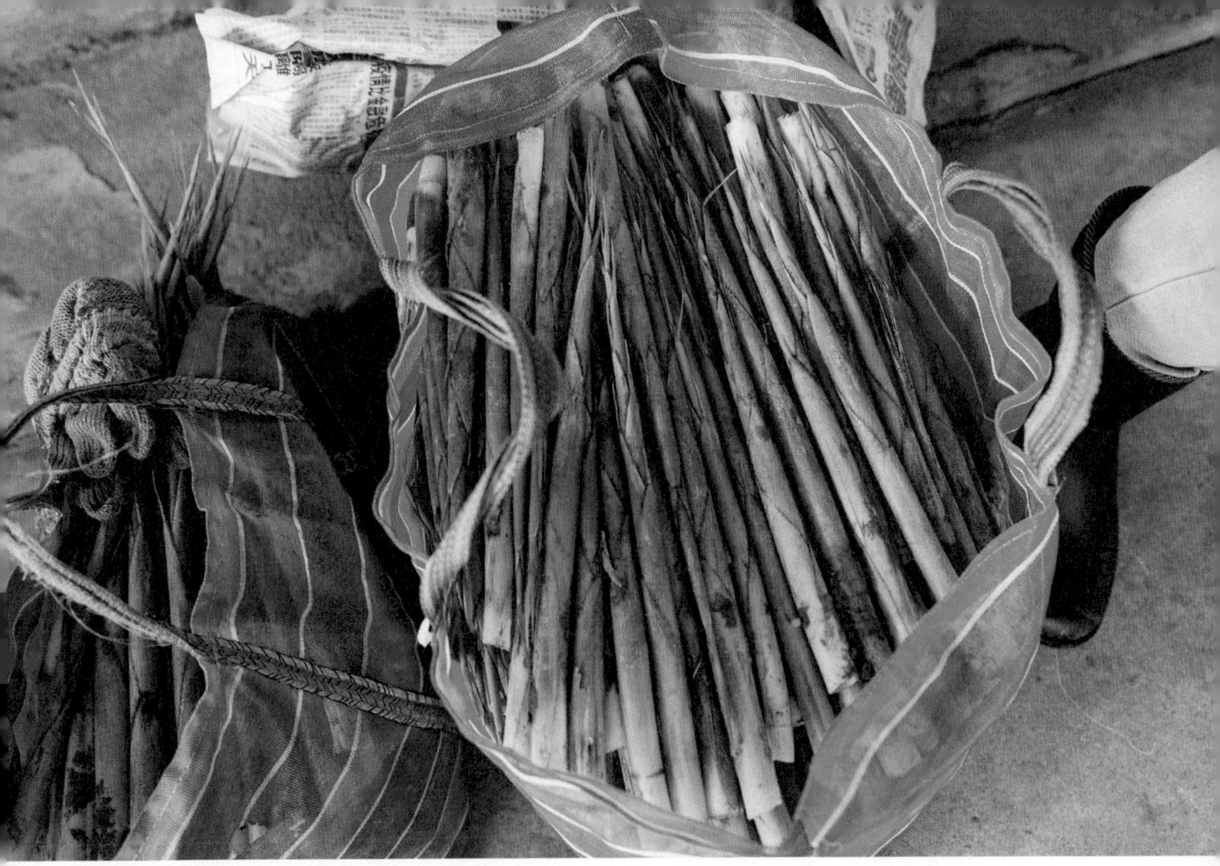

當季的採集與種植收成。右圖為春夏的作物，有南瓜（與心）、野莧、龍葵、鵲藤、牧草心、箭筍與苦茄。

度，是最天然的包裝。

Ina 們包野菜時，熱絡地用阿美族語聊著天，平常都在聊什麼？Daya 笑著說：「更新八卦就趁這個時候！檳榔攤、雜貨店、Ina 們的廚房，都是平日大家交換資訊的地方。」讓 Ina 們在最熟悉的環境工作，也有助於凝聚部落的力量，促進交流。Daya 強調，她們這個團體的所有活動都依循生活習慣，不額外增加太多工作量，「平常有在種菜的 Ina，就幫忙顧菜園，自己的家庭菜園多出來的菜也可以拿來賣。」

一箱箱的野菜從種植、採收到包裝寄出，Ina 們耗費許多心力，每箱的所得獲利僅一兩百元。「Ina 沒有太多商業的概念，就像寄給自己子女一樣。」Daya 說，在種植與販售的過程中，更重要的是將部落裡「人與人之間的關係」分享出去，創造與外界更多的連結。「種菜然後分享出去，我們一直如此。現在銀貨兩訖的市場裡只談價錢與利益，窮人

就會越來越多。」她指著佔滿大紅桌的野莧，「今天我跟她們說，這個月需要七把野莧，但這些怎麼可能只有七把？所以每把都特別多！」

野菜箱的通路，主要是臉書上接單。在日益艱難的網路行銷中，已累積一群穩定、支持的消費者。能抓住消費者的心，來自於 Daya 與 Ina 們對於野菜箱的堅持。看著幾位 Ina 不停地忙碌，外加幾個社區裡串門子聊天或談事情，來來去去的幫手們，總還須數個小時，才能完成幾箱的野菜，費時也費工。貼心的 Ina 們，在寄出的每把野菜上，還會附上她們口中的「野菜身份證」，用紙箱製成的身份證，其實是個簡單的 QR code，簡介野菜的名字與食譜，除了補充野菜小知識，也提供消費者烹調經驗，降低對野菜的陌生感。Daya 說，會遇到客人反應野菜真的很苦，「阿美族的菜都是苦、澀居多，（消費者）真的覺得苦也沒關係，至少他們知道，哦，野菜原來是這個味道！」

Ina 一坐下來，很有默契地就發展出不同包裝材的生產線。善牧基金會的同仁負責收集各處的紙箱、列印食譜小卡。

太巴塱 Ina 好野味 SEFI 野菜箱的內容、價錢，都透過 Ina 的會議共同決定。野菜的收入，Ina 們除了從中領取應得的工作報酬，每箱提供百分之十五至二十做為部落照顧的基金，回饋到部落。今年將邁入第六年，透過販賣野菜箱讓阿美族文化被看見，也希望在未來幾年，能有支持部落經濟的新模式。她們展開更多的嘗試，例如部落導覽與手工製作陶珠、藤編背簍、太巴塱風箏等課程，與野菜販售推廣相輔相成，展現部落的傳統生活。

Daya 也坦言，一直會面臨到資源不均□交通不便□人力斷層與整合的諸多挑戰。雖然留在部落裡的年輕人不多，目前十五位 Ina 的年齡平均約在六十五歲以上，已積極培育第二代 Ina 參與者，年齡平均約三十歲。此外，幾乎每一個 Ina 都有農務及照顧家庭的壓力，聚在一起開會時間少，使得工作的協調及溝通上會有一些分歧。Daya 仍正向看待這些挑戰，「需要團隊內部更多討論，整合每一位 Ina 的想法□達成共識，讓問題逐一獲得解決。」

「部落的價值」是整個計畫的核心，野菜箱之後，Daya 思考如何讓野菜文化繼續傳承。目前與太巴塱國小合作，讓一、二年級的小朋友在課餘時間跟著 Ina 們一起照顧野菜。Ina 們指著菜園的角落，一排孩子們親手種下歪歪斜斜的植物，「可是有時候叫他們拔雜草，卻把菜通通給我拔掉！」Daya 笑著補充，菜拔光無所謂，更重要的是，讓孩子們來玩玩泥土、吃吃野菜，「孩子們越小開始接觸，對傳統食物的記憶就會更深。」

這樣的信念，源自於兒時飲食經驗，「我小時候都是吃這些野菜長大的，」Daya 隨意翻動桌上的野菜，「像這個昭和草味道很重，就算很多年沒吃，也記得我不喜歡。如果生病，爸爸也會去山上、河邊採藥草，熬湯給我喝。」她現在會將翼豆拿去炸，酥酥脆脆的，給太巴塱小學生當點心，「孩子們喜歡，就會記住這個味道。」

Ina 在採野菜的路上順便摘採姑婆芋葉子，用來做包裝材。以前沒有冰箱，這樣可保持食材新鮮，如今是時尚的環保行動。

好食推薦

箭筍料理

太巴塱的 Ina 說，箭筍只需要切段，滴入些許沙拉油，加熱水熬煮，湯頭原汁原味最能感受箭筍的鮮甜。喜歡重口味，就用豆瓣醬辣椒等熱炒，非常下飯。── 寫寫字採編學堂

食農旅行

合作走出美麗大腳印

織羅米八六團隊

文字——王玉萍

齊柏林導演的《看見台灣》影片末尾稻田間出現九個大腳印，「是在哪裡呢？」它在玉里，一處名為織羅（春日）的阿美族部落。

延續齊導理念的織羅米八六團隊，從事有機、友善耕作與帶體驗活動十多年，也跟齊導拍攝大腳印過程一樣，遇到很多困難。幸好有所堅持，玉里稻田與人們，都被看到了。

作物們，不用長得太長，白白胖胖就好，
我們會認真拔草，
不會讓人傻傻分不清楚。
——黃偉峰

織羅部落有兩個重要的年度體驗行程，一是「葛鬱金節」、另一就是從齊柏林導演「看見台灣」空拍大腳印發想的「稻田腳印餐桌」。

二〇一二年，齊柏林導演提出九個大腳印的構想，馬上得到玉里鎮長的支持，但大家都沒經驗。這個任務交給玉里鎮稻米品質暨殘留農藥快速檢驗站的李曉齋站長，他設想過高空打光、九宮格、衛星定位……應用數學系畢業的他，最後突發靈感「以等邊三角形來組合出腳印」，實際操作時，每一個六十公尺長的腳印需用到八十幾根竹竿定位，只要其中一個定位點錯誤，所有竿子全部拔掉重來，幾次重做大家火氣都上來了。終究沒放棄，才能有後來的美麗影像。

大腳印功臣李曉齋，是電腦程式設計師、電腦老師、有機農夫，也是織羅米八六團隊的一員，「我喜歡阿美族無私的民族性，會互相幫忙。加入後夥伴真的幫我很多，常常經過田邊看一下、就幫忙做一下。」米八六（MIPALIU）阿美語的意思是「互助合作」，團隊在成立之前摸索了八年。主要負責聯繫的窗口黃郁惠說：「我們會聚在一起合作，是因為馬耀比吼跟我們說：你們想不想種有機？我們

稻田腳印餐桌行程：遊客體驗互助換工（米八六）製作大腳印與餐桌餐具，一起辛苦後，品嚐部落食物、聽歌謠與故事。

部落乾淨的土地已經不多了。」

馬耀比吼是織羅部落的人，也是紀錄片導演，長期為原住民議題發聲，時常提醒部落人：「要有產業，才能談文化與教育。」以前玉里收成的米都是掛外地品牌銷售，馬耀比吼鼓勵族人要做自己的有機米品牌，之後又提議把在地特有作物葛鬱金復育回來。二〇〇八年，終於喚回了黃郁惠的弟弟黃偉峰與太太張秀美從外地搬回家鄉，種有機米、找夥伴合作復育葛鬱金與「重點部落」計畫，經驗不足歷經的辛苦談不完，數次興起重回台北工作的念頭，最後下定決心，居然是賣掉台北房子。這峰迴路轉的原因，又是馬耀比吼的一番話：「我們已經找回葛鬱金了，放棄可惜。做對的事情就是了。」夥伴重組後在二〇一六年正式成立織羅米八六團隊，繼續為部落工作。

回想第一年帶農產品到外地參加市集，黃偉峰自嘲說：「種有機是很浪漫的想法。帶五箱去台北、帶

八箱回來，因為我們也買了別人的商品。」後來團隊改變方式，嘗試帶領體驗行程，讓旅人來認同部落、購買商品。如今的織羅米八六團隊成員約八位，分別擔任導覽員、廚師、體驗講師；小農也各自有品牌：愛の穀粒、咘荖米、舞米。所有農產品都是成員生產加工、設計包裝、行銷，在團隊的基地「禮辦供處」供旅人選購。

黃郁惠說：「我們發現，創造與客人之間的互動回應，蹦出的火花特別讓人感動。」於是原本由夥伴導覽解說的社區巡禮行程，改請客家廟的廟公、部落雜貨店的長輩們出題目給旅人，答對就送具文化意涵的小禮物，皆大歡喜。「現在繼續改進，賦予每個據點更明確的意義。先教客人製作葛鬱金果凍（認識部落味道）、阿美族情人袋（代表被部落認同），然後才進行社區巡禮行程，分為文化路線與農業路線（對部落產生初步認識與感受），最後一站到藝術家優席夫開設的咖啡館，做交流分享。」

踩線行程：共同開發新的行程，體驗後討論動線、解說方式、適合人數等。

如今被各合作單位視為花蓮部落體驗的典範，他們心裡的典範則是部落阿嬤們，「很感謝身後有一群部落媽媽幫忙，協助我們，從既有的去創造沒有的」。黃郁惠與夥伴們也很用心，一直朝著三個目標努力下功夫。

一、創造體驗遊程，持續深化。從齊柏林導演的九個大腳印衍伸出稻田腳印餐桌、參訪祈禱樹行程，以及Alida 織羅葛鬱金節，可視為具代表性活動。不變的核心是葛鬱金產業、部落多元文化。創新在於逐年開發遊程，加入新元素，反應好就納入平日遊程，客人重複來也不斷有新體驗。

二、讓社區的人參與，一起進步。二〇二〇年葛鬱金節加入紅藜酒釀體驗，部落有長者會種植但不擅長解說，於是找隔壁部落的紅藜農夫洽談合作，也說服他之後來織羅部落跟長者分享解說技巧。團隊自己也是邊做邊學，部落的「千歲雜貨店」每天集結好幾位八、九十歲阿嬤，教導他們重新學習母

體驗行程：米彩繪、社區文化導覽，是常態性行程。特色是設計讓客人參與，而不只是觀看表演。

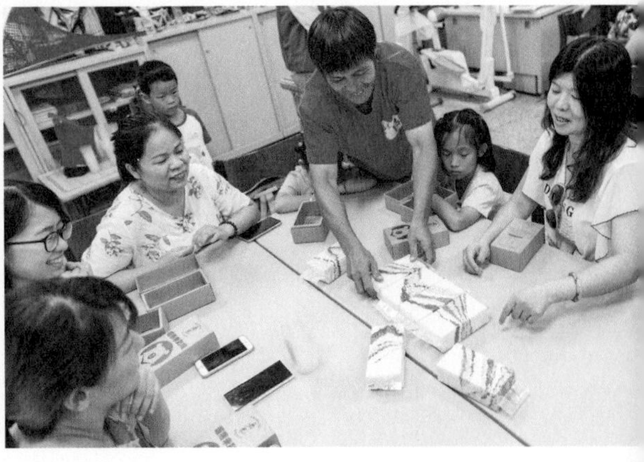

體文化：酒在阿美族文化中是與祖靈連結的管道，從階級制度學習對長輩不同的敬酒方式。後來「到雜貨店與阿嬤聊天」成為大受歡迎的行程之一。

三、延伸影響力，回饋部落。謙虛學習與友善串連，是團隊的特質。從部落媽媽、政府輔導團隊到「一九三農青禾」策展者大熊、港口部落廚師陳耀忠、藝術家優席夫，都是請益合作的對象。團隊成員幾乎都擔任春日國小的講師，以「民族教育、食農教育、特色遊學」等課程回饋部落孩子。幾年下來課程就轉化為遊程，全台灣的幼稚園到大學也會來預約體驗。

如今，團隊自產自銷的能力強大，近八成的農產品是參與體驗的客人購買，另外二成則是初期到外地市集打拼慢慢培養的熟客。「織羅部落沒有大山大海，但我們有溫度。」常會有客人在網路留言感謝被照顧、介紹或帶親友來。現在每週約有兩三團以上，他們卻說：「希望每週控制在兩團就好，因為我們都還有自己的主業，要讓夥伴有時間休息。」

黃郁惠的孩子在念大學時，一年回來沒幾次，現在都在家鄉就業了。「大兒子做民宿，小女兒也做觀光相關工作，我們能有連結，是這個工作讓我感到很值得的部分。」團員們都很珍惜辛苦累積起來的經驗與情感。剛成立時常吵架，但沒有放棄實踐米八六（MIPALIU）的互助精神，真正一起做到導演馬耀比吼說的：「可以在產業上談文化。」

好食推薦

葛鬱金雪花糕

這是一道天然健康的清涼甜點。葛鬱金粉□糖□椰奶□牛奶（40：30：125：100 的比例）所有材料充分拌勻，用中火慢慢攪拌，約三至五分鐘有黏稠感就熄火。然後換用蒸鍋，在鍋內塗適量的奶油，外鍋加水也是約蒸三至五分鐘，筷子插入糕中沒有沾黏，表示蒸熟了。開蓋放涼就可進冰箱冷藏。——黃郁惠

主辦活動的流程
葛鬱金節為例

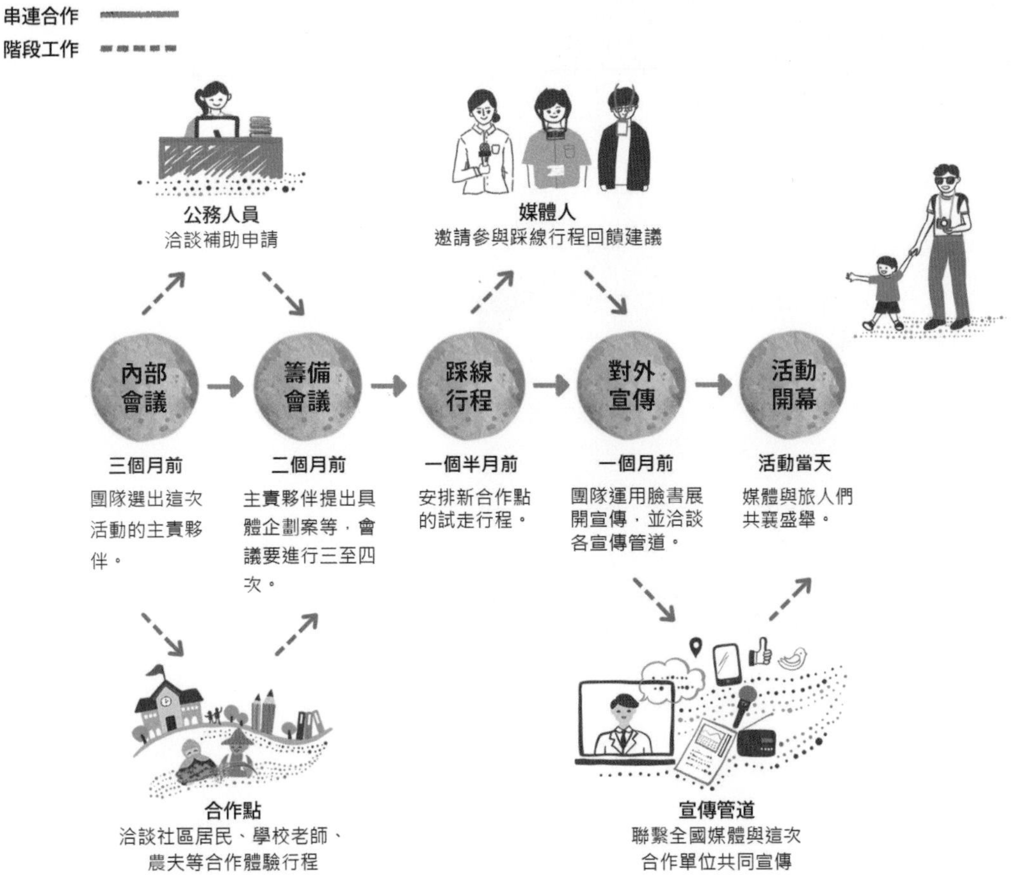
串連合作
階段工作
公務人員
洽談補助申請
媒體人
邀請參與踩線行程回饋建議
內部會議
籌備會議
踩線行程
對外宣傳
活動開幕
三個月前
團隊選出這次活動的主責夥伴。
二個月前
主責夥伴提出具體企劃案等，會議要進行三至四次。
一個半月前
安排新合作點的試走行程。
一個月前
團隊運用臉書展開宣傳，並洽談各宣傳管道。
活動當天
媒體與旅人們共襄盛舉。
合作點
洽談社區居民、學校老師、農夫等合作體驗行程
宣傳管道
聯繫全國媒體與這次合作單位共同宣傳

公益合作

來當富里人，農村發展全民參與

天賜糧源

文字——丘國鋒

米啊！撐著點！
我們會努力把你們銷售出去！——鍾雨恩

鍾雨恩（中），一位返鄉青年，集結一群也是返鄉或在農村生活的年輕夥伴，從二〇一一年開始，透過產銷合作社、社區營造、節慶活動等各種嘗試與實踐，期待富里農村走出台灣的農業困局。鍾雨恩說：「下一個十年，我們不一定要住在都市，讓農村發展就是我們的課題。」

鍾雨恩（右）以社區發展的專長，進行許多跨域合作，補強了與他合作的農夫不擅長的串聯與銷售。

有段時間，米飯在台灣人日常中佔有很重要的角色，但漸漸遠離了。鍾雨恩說：「多麼希望，白米飯再次回到我們生活中重要的位置。」

稻米的意義不僅在於能煮成熱騰騰的白飯餵養人們，有一項很重要價值是在生長稻米的農村與田間，因為那裡是許多台灣人文化認同、家族世代情感的載體。曾經農產豐饒擁有「稻米王國」美譽的台灣，經歷戰後的美援影響、產業轉型、飲食西化、貿易自由化等因素，農業在台灣喪失了主體性，擁有農村記憶的人們經驗到情感上的失落。然而近年來，政府與民間皆出現了農業復興的浪潮，地方創生、農業六級化、觀光農業等概念出現，皆不斷試圖再次展現出農業價值、找回人們對於農村的文化認同。這樣的故事，同樣發生在花蓮的富里鄉。

二〇一一年鍾雨恩碩士畢業後，返鄉接手父親甫創立的有機農業產銷合作社，並成立「天賜糧源」品牌，從初始七位農友成員、十公頃農田的規模，至

今已超過四十位成員、七十二公頃的耕作面積。鍾雨恩說：「合作社解決了農夫們最大的難題——銷售農產品，農夫們可能是專業的生產者，但不一定有能力行銷，尤其有機農作的銷售更加不易。」透過統籌銷售，讓農夫們專心在生產，但也代表著需要讓大家有共識，共同承擔農產品的聲譽與責任。以農業為核心，由此延伸出各種內外串聯工作，都指向同一目標——發展農村與富里的價值。

天賜糧源還進行許多跨域合作，例如有與資策會合作利用APP將產銷履歷數位雲端化。如此一來，消費者雖是購買共同品牌，也能溯源出是哪位農民生產的米，這讓農民們懂得為生產負責。同時也引進工研院的稻殼炭化技術，將廢棄的稻殼轉換為有機的農業資材。

另有與「大米缸計畫」合作，則是透過生產契約，企業或個人在每次消費時亦會捐贈白米給社福團體。此計畫能達到生產者、支持者、受助者、生態

環境四贏的結果。

每年與東華大學不同系所產學合作，將富里的田野作為大學生上課的教室，執行各種計畫，如社區照顧、地方創生等。鍾雨恩舉例，曾有四位會計系的學生參與此課程，利用專業所學給予農民一些有關農業成本的建議。「我跟學校教授的目的不同，教授要的是教學研究，我謀的是如何讓專業人才有機會留在農村。」讓學生有機會對富里有更深刻的認識，產生興趣與認同。畢業後，或許願意留在農村扎根與生活。富里的農業採高度機械耕作，這代表農夫們可有更多的人力與時間從事農務以外的事情，特別是年輕農夫，即所謂的半農半X，如開民宿、咖啡廳等。天賜糧源請設計師以農夫們的副業為創意靈感，設計各自品牌LOGO，嘗試串聯進行「富里亮點計畫」，整合行銷富里的休閒產業。

天賜糧源跟藝術家、設計師、建築師合作，在富里許多空間進行創作設計。例如，將雜草叢生的舊糖

割稻飯：農村傳統會互相幫忙收割，受幫忙的人家會準備午餐表達感謝。目前也成為體驗行程的一環。

廠改造為「富里製造農村實驗基地」複合式空間。鍾雨恩說：「有了空間，就有許多事情可以在這裡發生。」社區活動的一戶一菜、國外農業交流團的參訪，又或是請藝術家將稻作的生產期程創作成圖畫，掛在基地的牆上，既是一幅作品，又能作為教材，向遊客、兒童進行食農教育，讓農業被正確的認識。

鍾雨恩投入這一切的態度不單是實驗冒險，其實是有策略與規劃的。他與夥伴們發展的是富里DMO（Destination Marketing Organization，目的地行銷組織），在發展富里與農村價值的目標下，透過市場分析、綜合多角經營的商業策略，創造出地方動能的組織。

他和在地年輕夥伴們組成以富里郵遞區號為名的組織「富里983」，任務是進行社區發展工作。最為人熟知的應屬「穀稻秋聲」山谷草地音樂節，「其實最初，是為了突破農產銷售的困境。」鍾雨恩說，二〇一五年，富里983的年輕人思考著如何因應滯

銷的稻米。決定利用秋收後的農閒時期舉辦農產品銷售會，但誰會願意特地來到富里參加呢？於是加入音樂表演、市集、野餐、旅遊等元素，第一屆就這樣誕生了，如今已成為富里重要節日與年度盛事，吸引數千人湧入，邀請過許多知名音樂人共襄盛舉，如陳昇、舒米恩、魏如萱……。日常進行的各種實驗、合作累積的能量，在每年穀稻秋聲時達到最高峰，綻放出來。

每年在邀請表演者時，都會事先花許多時間對話，期盼能在展演的各個面向，皆能流露出對於農村的關懷與認同。每年報名穀稻秋聲市集的攤商眾多，會盡可能選擇富里在地的，即便是尚未成熟或業餘攤販，也都盡可能協助輔導，為的就是能讓在地的能量茁壯與累積。鍾雨恩總跟攤商說：「要思考如何透過這兩天的活動，培養出往後願意繼續消費的客人？」

荒廢舊糖廠整建的「富里製造農村實驗基地」

穀稻秋聲音樂節：原本是每年秋收後的農產發表會，演變成市集音樂會。每年十一月的第一個週六日舉辦，從早至晚人潮不斷。

富里各族群居民、外地人前來共同參與，也是很重要的精神之一。例如有一年董事長樂團演唱〈眾神護台灣〉時，就邀請六十石山腳下聖天宮的官將首一起上台。安排富里的學生們到火車站列隊迎接遊客與上舞台表演，有機會以各種方式展現自我。鍾雨恩驕傲地說：「有位女孩第一次上台時才讀國小，每年都回來演出，轉眼間已是高中生。每年這個時候，也會有一群故鄉在富里或認同富里的外地人，自動回到富里擔任志工，並在過程中結識成為夥伴。」

「不論是否出生在富里，每個人都可以成為『富里人』。」這是夥伴們的理想，當大家越來越認同農村、有更多的工作機會，年輕人就願意留在農村，秧苗、青年、文化皆能在泥土裡扎根成長。米飯不再只是食物，而將繼續乘載著台灣的歷史文化與記憶情感。

好食推薦

咖哩飯

白米飯雖然是最熟悉不過的味道，但也可能因為自己是客家人，所以對於白米飯有種特殊情感。很喜歡吃咖哩飯，看似咖哩是主角，但其實米飯的好壞是成敗的關鍵。簡單的料理，卻最能展現出白米飯的特色，香Q口感，咀嚼時散出淡淡甜味，每每煮上一鍋，可以一碗又一碗。──鍾雨恩

友善循環經濟共享模式

大米缸計畫

文字——徐郁政、丘國峰

大米缸計畫希望透過品牌企劃、社企的概念來協助農友銷售農產，是台灣第一個友善循環經濟共享模式，串聯起生產的友善農夫、受助的社福單位、支持的企業。秉持兩個核心精神：透明公開、長期穩定。讓在這個土地上的人，能相互支持與陪伴。

● 計畫意義：

社福單位常面臨的困擾能被解決——逢年過節時受贈物資過量、平時又缺乏的不穩定狀況。

友善小農有穩定與合理的報酬——以實際購買支持種植有機稻米的小農，能繼續以友善環境的方式耕作。

企業透過消費履行社會責任——除獲得有機米外，並能安心將善款轉換成米直接幫助到社福單位。

● 支持原則：

僅收購小農的部分稻米產量——目標設定購買「天賜糧源」總產量約三成的米，以不破壞原有的管道銷售。若未來米需求量增加，將另尋農友合作。

僅提供社福單位部分米需求量——會逐月與社福單位討論米的需求量，並提供適合數量的米，以不破壞原有的運作系統。

這原則是為了保護小農與社福單位，即便在本計畫長期協助下，也不會造成過度依賴，而保有彈性的生存能力。

由於支持方案以一年為單位，當企業欲停止大米缸計畫時，仍能穩定供應米給

社福單位一陣子，期間也可尋找其他企業接續支持。

● **延伸行動：**

企業在地小米缸——由企業主動提出想捐助的單位，透過裏物文化有限公司協助聯繫與執行。

大米缸計畫線上募資方案——透過線上募資平台，針對個人或家庭所設計的支持方案。

一起吃飯日——與餐廳合作，讓用餐者品嘗大米缸計畫所提供的米，以推廣本計畫的精神。

產地辦桌活動——每年由裏物文化有限公司與天賜糧源共同舉辦一場聚會，邀請小農、企業、社福單位坐下來一起吃飯，相互認識。

友善循環經濟共享模式

大米缸計畫為例

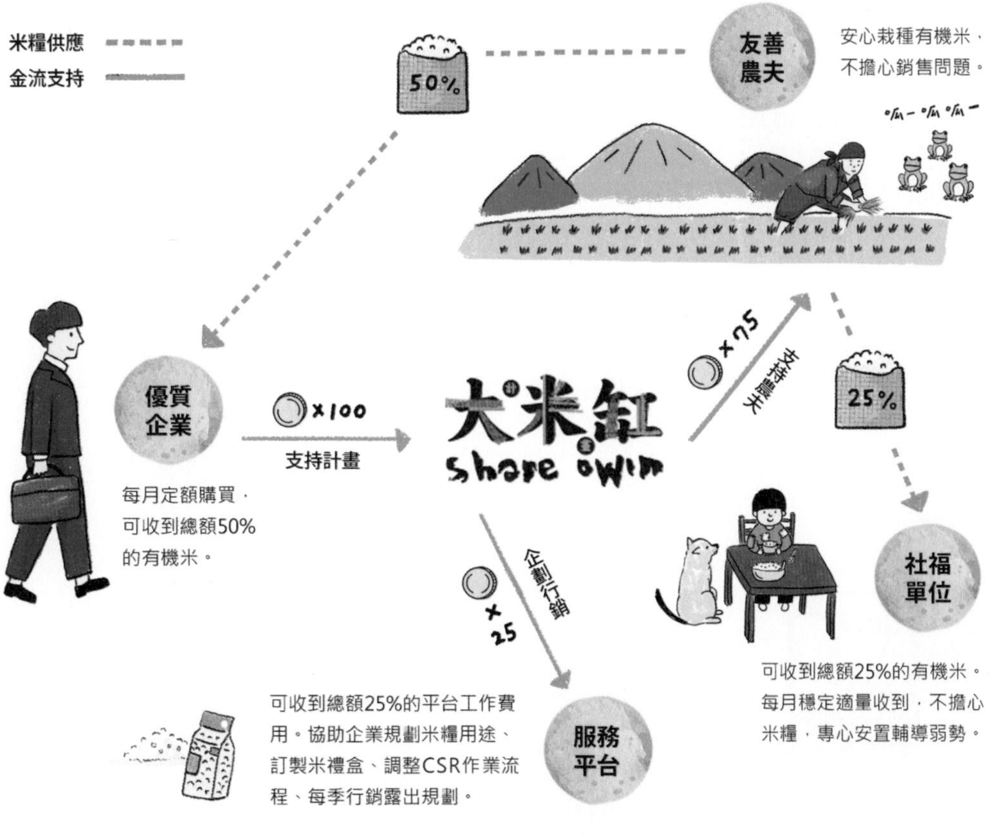
米糧供應
金流支持
50%
友善農夫
安心栽種有機米，不擔心銷售問題。
優質企業
×100
支持計畫
每月定額購買，可收到總額50%的有機米。
大米缸
Share Owin
×25
支持農夫
25%
社福單位
可收到總額25%的有機米。每月穩定適量收到，不擔心米糧，專心安置輔導弱勢。
×25
企劃行銷
服務平台
可收到總額25%的平台工作費用。協助企業規劃米糧用途、訂製米禮盒、調整CSR作業流程、每季行銷露出規劃。

慶典活動

以食農策動地方創生

策展人鄭崴文、藝術家優席夫

文字——林瑾瑜

有一群曾離開家鄉或從外地來的人，也不務農，而是以自己的專長投入農村，努力透過食物多面向地傳達善的價值，並在過程中串聯各界夥伴，讓彼此有動力走下去。綽號大熊的策展人鄭崴文和藝術家優席夫，投入在地深刻理解，然後走出來設計轉譯，以食物為橋梁，創造出慶典活動與空間。鼓勵旅人來帶動活絡，凝聚在地人情風土更是重要。

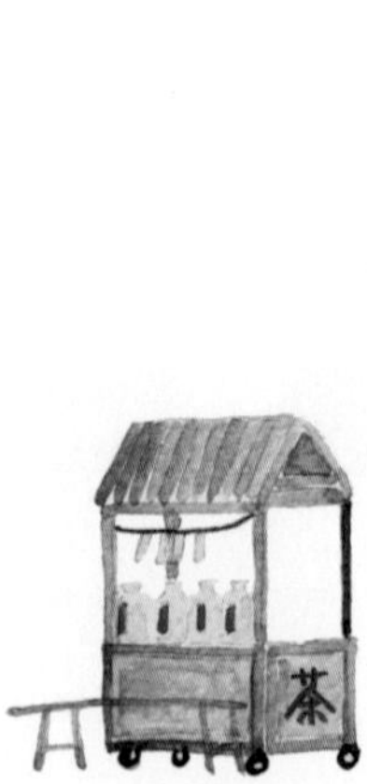

食物是一種傳承與創新，
不管傳遞什麼價值，
都感謝食物有如此強大的能力。——鄭崴文

食物是愛，
是大地餵養我們的禮物。——優席夫

二〇一九年初鄭崴文（大熊）來到一九三縣道玉里段執行活動策展工作，當地知名藝術家Yosifu（優席夫），是他最先找上的夥伴之一。同年的「一九三農青禾音樂埕」和部落皇后藝術咖啡館週年慶都有他們合作的縮影，他們選擇用食物作為地方創生中穿針引線的關鍵角色。

「一九三農青禾」食農與行動藝術結合的大型封街嘉年華活動，是由農委會水土保持局花蓮分局委託外地民間公司所策劃。第一屆策展人大熊說，「一九三」代表縣道玉里段，「農青禾」則取自當地重要作物稻米初長的青禾意象，與台語「嚨金賀」諧音，意思是樣樣好，期許將當地的美好特質發揚光大。

參與「一九三農青禾音樂埕」的人們坐在米袋上，肩披知名藝術家優席夫設計的限量毛巾。此時，青山彩霞的曳影被田埂框成一幅美畫，水田舞台上的陳昇和新寶島康樂隊盡情演唱從黃昏到夜晚。

193 縣道玉里段是綿延的田園景觀，除了夏季阿勃勒花與鳳凰木花開期間有較多旅人駐足拍照，第一次出現聚集數千人的景況，是在一九三農青禾音樂埕活動。

這一場大型活動除了音樂埕，還含括市集、體驗行程，以及延續餘韻的餐會。期間湧入約四千人共襄盛舉，作為整合地方創生的起點，可說是相當成功。

最初，大熊花了兩個月尋覓地域活化的合適據點。中選的玉里段包含秀姑巒溪以東的德武、春日、松浦、觀音、東豐與樂合六個里，被他稱為南花蓮的「三不管地帶」。他說：「這裡明明深具觀光潛力，也是台灣最大鎮，交通和生活機能也不差，卻常只是遊客來往花蓮、台東的中繼站。」

彷彿應了他的話，活動甫定案就遇上老天爺的「三不管」時期。受氣候影響，稻米過早收割沒有金黃稻浪可賞，夏日備受矚目的阿勃勒花況也不佳。缺乏吸引遊客的條件，大熊焦慮地開車在一九三縣道上來回勘址。就在這當下靈感湧現：「從什麼都沒有開始吧！」他要讓空蕩蕩的水田長出舞台。

「大家覺得很有創意，其實是我們沒招了！」他苦笑。選定地點後和農友協商，留幾分地完全不放水來架設舞台，然而因地形稍有坡度，必須找出正確路線讓舞台區域不至於有積水。為此耗費十天調整水路，終於有了他口中「無計之計的舞台」。

大熊認為，除了水田舞台具創意，活動成功關鍵在於透過各種環節的串聯，讓遊客一步一腳印地感受在地特色，因此深得人心，而食物則是貫串活動簡單有效的元素。「封閉道路兩側，一邊是三十幾攤小農市集，另一邊則是可以停下來聽故事的展覽型市場，畫面布置得很漂亮。」他笑說：「那天小農市集的食材賣到供不應求，連玉米攤的大姊還得現摘現煮。不過更令人驚豔的，是那座展覽型市場。」

展覽型「樂德市場」，是以這段封街的公路來命名，十組在地夥伴參與策展，每攤傳達一項玉里的在地價值或特色，並特別規劃讓遊客參與「市場小旅行」體驗行程。大熊形容，「你看到一群頭戴斗笠、

策展：規劃「樂德市集」時，先請在地人提供物件元素，由外地專業者進行訪問後設計攤位陳列，希望做到美感與內容兼具。

背著茄芷袋的怪人，一攤攤聽講。」將在地生活販賣給來玩的旅人，同時也讓這群旅人成為這場行動藝術的一環。

大熊特別介紹其中的「樂合愛玉」攤位，「全球只有台灣有愛玉，且種植環境必須極為乾淨，否則會影響愛玉小蜂的授粉。」特請科技與食品業退休的有機愛玉農范振海大哥，邊搓洗邊向客人解說愛玉的生態知識。大熊說：「范大哥認同這理念與行動，就算現搓半小時，一天產量只能有七碗。」不過聽完分享後，遊客把現場一包包愛玉子搶購一空。「樂合愛玉的形象就此深植人心，也達成了用食物傳遞在地精神的目標。」這就是大熊的用意。

當初邀請攤商參展時，其實吃盡了苦頭。「他們並不理解我們想做什麼，都想直接賣東西就好。」不過一切懷疑，都在當天豐碩的成果後煙消雲散，令大家開心不已。

活動：玉里首次封街舉辦「一九三農青禾音樂埕」系列活動，樂德市集、水田舞台，以及稍晚的體驗餐會。

「文化有剛柔兩面，『剛』的部分包括各種議題，像是土地正義、友善耕作、有機農法等，食物則是『柔』的代表，能將生硬訴求溫柔地向大眾傳達。」大熊相信只要善加運用，食物便是絕佳論述工具。在瘋路嘉年華過後，又在玉里「天堂路」辦了四場「從產地到餐桌」的體驗餐會，菜單由團隊設計，帶領社區居民烹調餐點。主要負責接待外場客人的松浦社區發展協會理事長蕭惠琇說：「這一系列活動深化了遊客對玉里的認識，進而推銷在地特色，多數在地居民也都一致希望，只要經費允許，就想繼續做。」

大熊邀請設計音樂埕限量毛巾的知名旅英藝術家優席夫，他比大熊早一年展開行動，號召自家姐妹們回老家開設「部落皇后藝術咖啡館」，盼用食物實踐「為部落孩子們鋪一條回家的路」，繼而拓展部落青年視野與推廣原住民文化。咖啡館採用部落有機咖啡豆、部落食材入菜，客人還可欣賞優席夫畫作、參與各類講座或原住民音樂表演等。同時，靠臉書推銷部落過剩農產，提供咖啡館前面的院子（阿美族稱作 Daluan 達魯岸，務農的休息空間），讓部落小農來免費擺攤，充分實踐阿美族米八六（互相合作）精神。藝術咖啡館吸引了許多國內外客人來玉里，二〇一八年十二月一日，咖啡館迎來一週年慶，優席夫自己設計菜單和活動，請大廚用當地食材做出米其林級烤肉派對，湧入的人潮多到癱瘓交通。

歡慶週年的背後，優席夫其實是戰戰兢兢也帶著不安的心情。諸如：耆老會種菜不懂行銷、部落青年缺乏機會等問題。藝術創作之餘的時間零碎，更使他無法全心經營，還得面對外人質疑，「這個在地創生實驗品能走多遠？」他笑說：「肩膀好重，也不能光靠我一個……但還是必須做，要為年輕人

空間：藝術家優席夫將老家舊地重建，作為參與故鄉地方創生的基地。一樓咖啡館、文創商品，二樓民宿空間，三樓是他的作品常態展。

鋪路，而且要很成功，才有辦法說服他們回來。」他用心盤點在地特色，以美感呈現部落核心精神，努力做到有聲有色。

優席夫說：「食物是大地滋養出來的，能拉近人與土地的關係。」一口咖啡、一把野菜就能引人關注部落小農的處境，進而擴及其他部落議題。被賦予使命的食物，不論是一細細陳列於達魯岸的部落青蔬、淡黃微濁的小米刺蔥飲，抑或是一碗樸實無華的白米飯，都期待享食之人好奇當中的故事。

外地團隊、在地夥伴、社區居民，共同期待的，都是一九三縣道玉里段真能達成「瓏金賀」的未來。

好食推薦

樂合愛玉甜品

採有機農法種植的「苗栗一號」愛玉，將愛玉籽放入棉布袋，用冷水搓洗出愛玉果膠，使液體凝固成愛玉凍。它與很多甜點配料都很搭，如紅豆、綠豆、薏仁、檸檬、花生粉……。—— 寫寫字採編學堂

策展人的心法與心聲

一九三農青禾音樂埕

文字——鄭崴文、王玉萍

一個地域的創生，除了獲得在地人支持，更期待創造更多關係人口的參與。每一個活動的創造，都有核心的價值設定，團隊在設計「一九三農青禾音樂埕」時有兩件很重要的期待：

一是，一九三縣道玉里段能被好好的整合，好好的「在一起」。

二是，希望踏進秀姑巒溪縱谷田地的所有人，都是笑容滿面的。

有別於富里鄉「穀稻秋聲」是由在地青農發起，一九三農青禾音樂埕是外地民間公司在地方執行公部門的活動，團隊的態度必須非常明確：要朝向設定方向走去、要符合ＫＰＩ的亮眼目標、要在短時間獲得在地夥伴的理解（還不一定是支持），還真的很不容易。而最簡單直覺的方式，就是駐點在地，每天與地方夥伴好好地「在一起」。

● 最大挑戰：

無論是對第一次主辦四千人活動的水土保持局花蓮分局或是在地夥伴，說服這樣「從零到一」的事情會發生，才是最挑戰的。

● 尋找亮點：

一個有趣的策展，可說是整場活動精華

中的精華。透過「樂德市場」的設計，十把五百萬大傘下的傳統攤位，展現出樂德公路上十個美麗樣貌，把秀姑巒溪的故事、在地的食材，「販賣」給來玩的旅人。例如：以傳統魚攤的叫賣，來說明阿美族與秀姑巒溪的關係；或是經由童玩攤的設計，用「氣味」來敘述一九三縣道上的夥伴對有機農業的堅持與生物共好的態度。

● 策展感想：

這樣的策展方式，需要跟在地人有大量的磨合，從不理解到支持，從無法想像到結果發生。對策展人而言，其實最感動的，不是旅人對策展巧思的讚嘆，而是在地夥伴「重新轉譯自己的生活給更多人知道」時，臉上呈現的喜悅。

接案策展的流程

193農青禾音樂埕為例

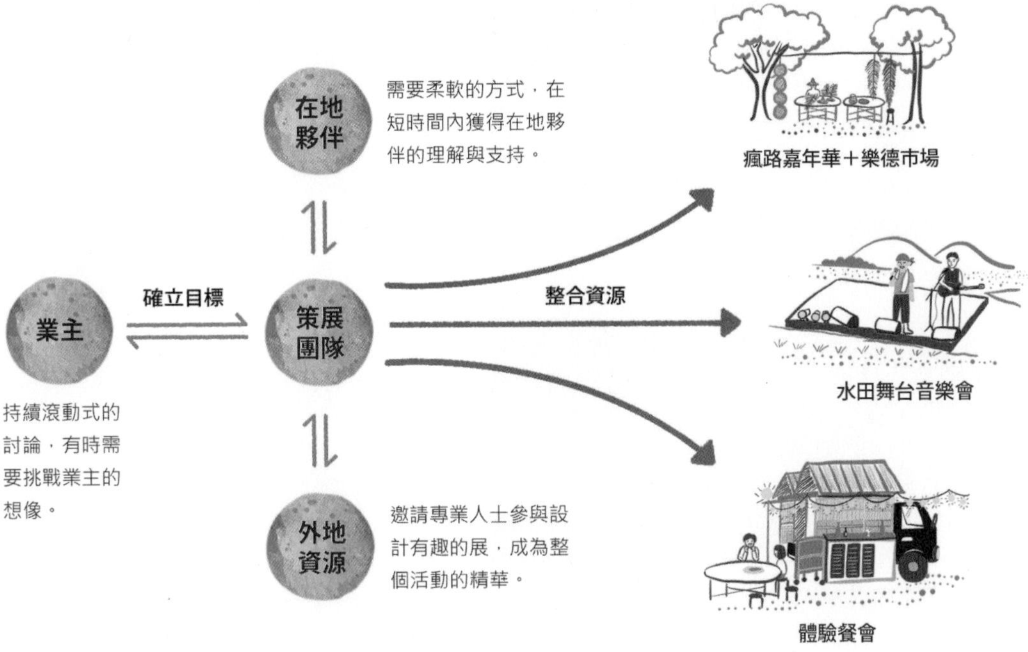

在地夥伴
需要柔軟的方式，在短時間內獲得在地夥伴的理解與支持。
瘋路嘉年華＋樂德市場
業主
確立目標
策展團隊
整合資源
水田舞台音樂會
持續滾動式的討論，有時需要挑戰業主的想像。
外地資源
邀請專業人士參與設計有趣的展，成為整個活動的精華。
體驗餐會

目標

讓旅人從食材與活動情境認識在地，進而支持消費。

農業社造

尋找帶動社區發展的啤酒花

洛韶社區

文字——游家榕

啤酒花，我們找到一個涼快的地方，
附近的猴子和山豬很多，記得長高一點、長苦一點，
山上的農夫靠你囉！——蔡建福

蔡建福成為洛韶的「關係人口」超過十年，他心中有一個藍圖：透過啤酒花串聯整個社區。

他希望能讓洛韶居民發揮各自所長，進而減少對高山農業的依賴，「當然是希望大家可以一起種植啤酒花，取代部分生態敏感區域的高山農業，但還需要更多時間。」

從花蓮往中橫公路，來到海拔一千一百一十七公尺的洛韶社區。因為不是觀光景點，多數時光，是居民的世外桃源。洛韶約有十來戶散居的居民，山坡上長著蓊鬱竹林、天然板石堆疊成的小路遍佈青苔，一旁燒著竹子的火爐冒起陣陣煙霧，與下午山林的霧氣融為一體，安靜自在。蔡建福的房舍外圍有小小菜園，他指著菜園旁零星幾棵攀爬在竹棚架上的枯藤，「適合高山環境，有人種來觀賞，我們可能是台灣第一個種來釀酒的。」

俗稱「啤酒花」的蛇麻，是大麻科草本植物，在近代啤酒釀製中，是不可或缺的原料之一。啤酒花的苦味與清爽香氣，能決定啤酒的風味。在台灣，因為氣候因素，未曾規模種植啤酒花，國人對啤酒花的功能、樣貌、味道始終陌生。

蔡建福會在洛韶種植啤酒花，並非基於浪漫的想法。約十年前，他與友人當初為了尋找製作洞簫的竹子來到洛韶，因為喜歡清幽環境，一起在竹林邊

成立洞簫工作坊，才發現居民的困境。他說：「這裡以高山農業為生，和山裡野生動物的關係非常緊張，為了防範獸害，經常採取一些非法手段。高山農業因此被認為是生態殺手，尤其在受人矚目的太魯閣國家公園裡，居民賴以為生的產業，常常遭人詬病。」

洛韶農民與農改場不斷與猴子鬥智，費盡苦心成效卻有限。蔡建福說：「水蜜桃收成的時候，農民們常常必須睡在水蜜桃樹下，非常辛苦。農改場曾設計了一個防猴網，把水蜜桃樹包覆起來。第一年猴子都嚇跑了，第二年牠們會從網外將水蜜桃揉碎，喝水蜜桃汁；到了第三年，猴子已經會爬進網子裡面了。」

蔡建福擁有建築背景，在東華大學環境學院任教，關注農業、生態與鄉村發展。花蓮第一個小農市集「花蓮好事集」，正是他帶領學生與花蓮小農們一起籌備創立。洛韶社區的人獸衝突危機，讓他開始尋找能替代高山農業的方案。以前試過種植玫瑰花，可惜成果不彰。直到二〇一八年，會釀酒的朋友來到洛韶，聊到啤酒花功能，「一開始啤酒花長什麼樣子都不知道，以為長得像橘子。後來知道這種攀藤類植物適合生長在溫帶，表面很多毛，吃起來很苦，猴子應該不會喜歡吧？」他評估，洛韶的低溫及長日照，或許適合啤酒花種植。若能成功，便能鼓勵當地居民轉作，解決與動物衝突不斷的困境。

第一年，蔡建福在五月洛韶種植第一批啤酒花，九月中旬收成。第一次種植的過程不算順利，「我們到處試種，種植的十二棵裡，只活下了幾棵。」最後在十一月時，用收成約四百公克的啤酒花釀出第一批啤酒，成為後來旅客拜訪時必會出現的「特產」。自釀的啤酒入口後有特殊香味回甘，他總是略帶驕傲開心地問：「味道不一樣吧！」但也坦言，洛韶能否繼續種植啤酒花，仍有許多未知數。因為台灣沒有太多啤酒花育苗的經驗，此外第一批

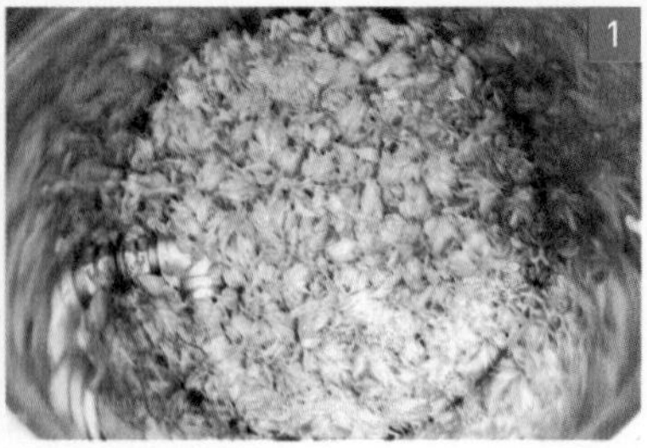

1

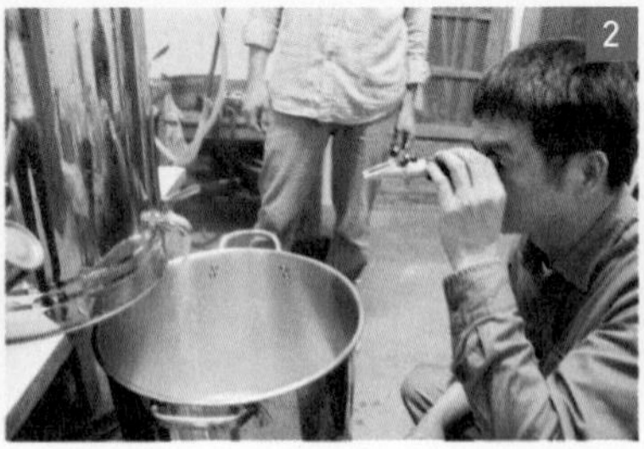

2

3

自釀啤酒流程：

1. **洗煮**：大麥或小麥的麥芽烘乾後研磨使它糖化（控制溫度），洗出它的麥汁後加入啤酒花一起煮。
2. **過濾**：過濾啤酒花後，急速冷卻麥汁。
3. **發酵**：麥汁倒進玻璃瓶內加啤酒酵母進行發酵約一週（控制溫度），加糖再次發酵約一週。
   吸出澄清液另裝瓶並加糖水做第三次發酵。
4. **靜置**：一週後，就能飲用了。

啤酒花的品質，如裡面的精油與alpha酸，都需要更多精準的數據檢測，才能知道是否適合種在洛韶。

第二次種植啤酒花，邀請到洛韶與西寶兩個社區共三戶農友願意一起嘗試，預計種植四百株啤酒花。農友願意參與，是更加有意義的。嘗試要在三月到五月間分批於不同農場種植，「三個農場都在不同海拔高度，試試看不同時間種，啤酒花會有什麼不同？」他認為，只要與昆蟲生命週期錯開，不讓嫩芽被蟲吃掉，剩下就是不斷嘗試，找出適合在洛韶種植的時間、啤酒花種類與種植方法。

其實早從約十年前開始，蔡建福就在洛韶社區嘗試多種可能的發展模式，透過各式體驗活動，讓參與的學員從中發展出自身與鄉村的連結。他舉例，舉辦農業瑜珈營隊時，學員們在往朝良農場的途中看見一隻被鐵鍊栓住骨瘦如柴的狗，因主人疏忽，不知多少天沒有補充食物與水。學員們細心照顧後，當下決定替牠蓋個狗窩，「突然之間，大家心裡的某一塊，就被縫補了。」

每年舉辦活動已經逐漸養成一批洛韶的「關係人口」，蔡建福說：「這些人，會主動推銷洛韶的產品，也會想要再回來走走，就能持續帶動洛韶的發展。」對他而言，洛韶崎嶇蜿蜒的山路與得天獨厚的氣候，是限制，卻也能成為機會。種植啤酒花與釀製啤酒，以及過去嘗試的各式課程，都是尋找洛韶可能性的過程，創造出經常來此拜訪的誘因，建立起「觀光以上，移居未滿」的關係，「重要的是，讓洛韶難以被取代。」

好食推薦

自釀啤酒

將糖化過濾後的麥芽糖汁煮沸後，加入啤酒花熬煮，最後投入酵母發酵。高山的氣候有利於啤酒花精油和 alpha 酸的形成，酒泡較少，味道清爽香醇的自釀啤酒，入口後有特殊香味回甘。—— 蔡建福

吸引「關係人口」發展社區
洛韶社區為例

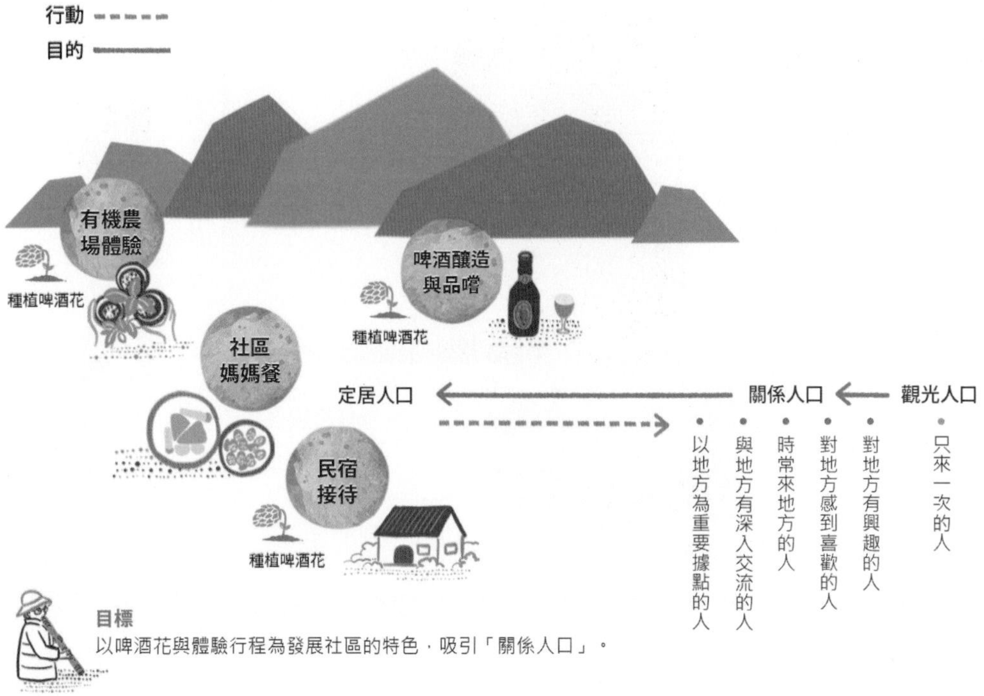

目標
以啤酒花與體驗行程為發展社區的特色，吸引「關係人口」。

春

料理

好好的吃，也是保護土地

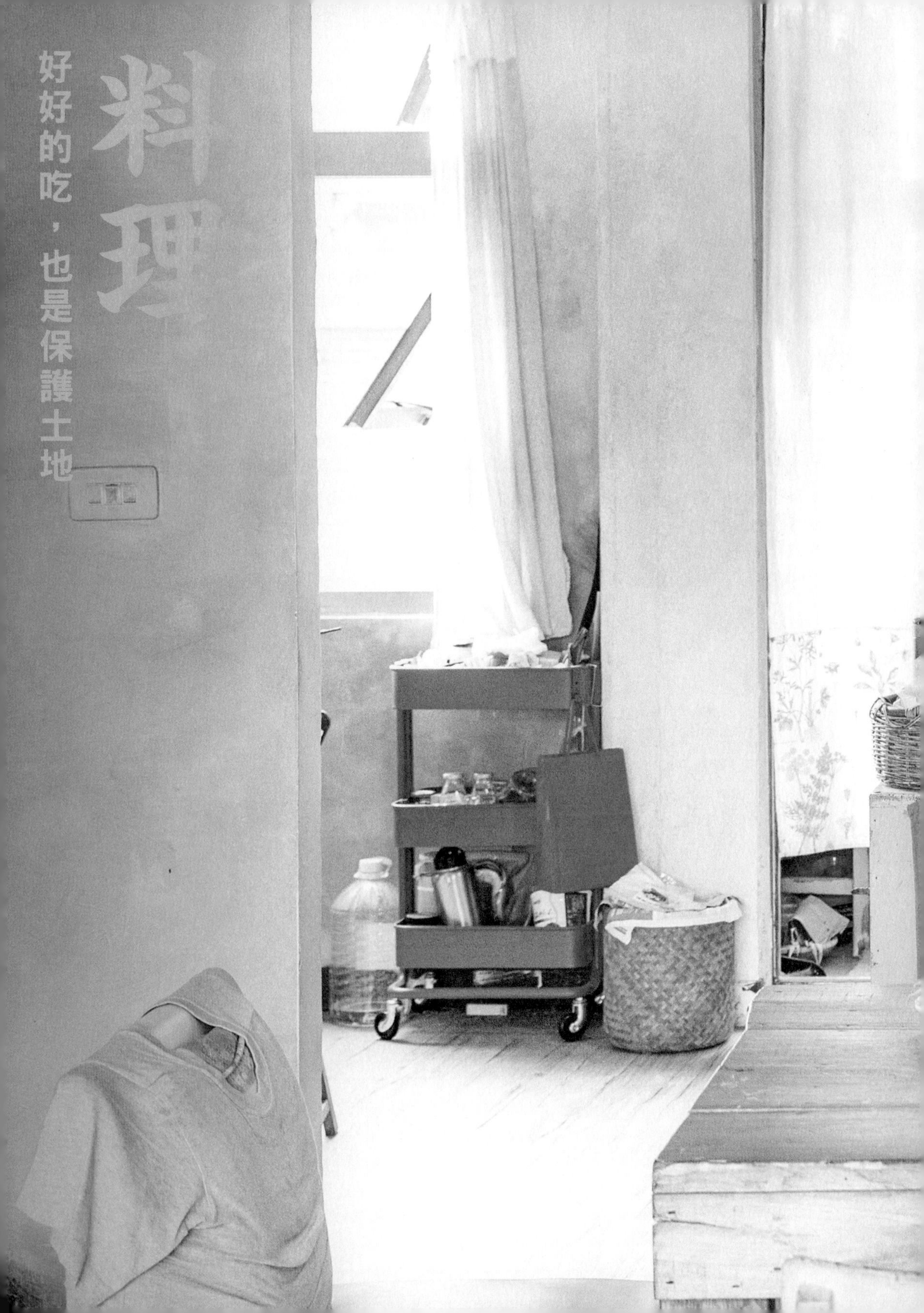

食農教育

讓孩子循著味蕾記憶回家

老師與農夫們

文字——盧怡安

食物是美味魔術師，
在冒險和期待中，變出彩色的美食和故事。——蕭美珍

要如何將這些概念和訊息轉化，讓孩子浸淫其中並內化成生活習慣的一部分呢？透過與擁有相關經驗者互動，來獲得相關知識；培養健康的飲食習慣，自然連結到在地的飲食文化。

花蓮有一群老師與農夫，努力串聯身邊的資源，向孩子傳遞「最接地氣」的食農教育。

放寒假前，花蓮市明禮國小推動「市場小學堂」的老師們，賦予四年級的學生一個任務：用圖文記錄家中的年夜菜，開學後他們拿著手作的「年夜菜繪本」分享和家人一同烹調、品嚐時，語氣中還帶著一點點的成就感。

這個任務由明禮國小蕭美珍校長和劉貞蘭、張雅筑老師共同策劃，是從二〇一八年推動市場小學堂相關課程以來的階段性成果。讓低年級的孩子使用天然食材做簡單料理；中年級的孩子認識食品添加物，以及實踐食物挑選、處理、烹飪、品嚐並加以記錄；高年級的孩子則運用媒體課學到的影像敘事，準備為傳統市場拍紀錄片。

雖然老師們表示這不是標準的食農教育課程，但概念其實相去不遠。一九八〇年代義大利希望扭轉速食文化的「慢食運動」（Slow Food）、以及一九九〇年代日本推動的「食育」（Shokuiku），這些食農教育先行者的反思，即是如何更友善利用

明禮國小老師會在校內安排前導課程，運用桌遊等教材解說食安問題、邀請文史工作者介紹社區歷史。有了基本認知，再進入社區市場體驗訪查。

土地種植作物、如何透過食物維持環境永續，嘗試透過「吃」重新拉近人與土地、文化的關係。

出身鳳林的明禮國小蕭美珍校長，慶幸年幼時擁有豐富的「菜市仔」回憶，「小時候，因為家離菜市仔很近，放學後那裡就變成遊樂場。求學過程中，只要考試成績不錯，熟識的菜販阿姨還會送菜送水果給媽媽。」她感嘆現在的孩子少有逛傳統市場、挑選農產品的生活經驗，更別說和小農小販交流情感的機會了。加上現代食安問題，自己有孩子的蕭美珍校長和老師們認為，應該要將食農議題納入授課內容與體驗活動讓孩子從小瞭解。

回到故鄉富里創立「天賜糧源」的青年鍾雨恩，以及從台北來到瑞穗實踐有機農業的「宇還地」溫廷舜與王紫菁夫婦，分別在推廣食米文化和有機飲食的過程中發現，其實許多家中務農的孩子，對於家裡種什麼作物、如何種植、銷售再成為桌上菜餚，以及農夫的社會角色，仍一知半解，甚至存有刻板

（上）宇還地有機農場主人，帶學生直接貼近土地學習種植、辨認食材，理解耕作是一門專業。
（下）織羅米八六團隊，消弭了校園與社區的隔離，讓學生的學習與生活連結，滋養文化認同感。

印象。另外，位於花蓮玉里在地推廣友善耕作與食農教育的「織羅米八六」團隊，認為從日常食用的作物到祭典用途的自然素材，都與文化傳承緊密不分，部落孩子不能不知道。

溫廷舜與王紫菁夫婦摸索有機栽植六年多，受到農會的鼓勵與引薦，申請農糧署的經費嘗試「食農教育」推廣。王紫菁說：「當初想試試看，有部分原因是農務生活老實說有時候『太安靜了』，能夠接觸孩子們，生活也熱鬧一點。」夫婦倆開始拎著蜜蜂觀察箱走進校園，扭轉孩子對蜜蜂的恐懼感，開始真正認識生物；並和學校討論適合在校園中實踐的有機農務。他們每年一個學校，每週一次，與學生一起打造生態池、種蔬果，「我一定設計問答時間，為孩子複習一些乍聽很困難、但其實道理很簡單的有機知識，例如能夠互利互生的共榮作物，或放置性費洛蒙作為生物性防治方式等。孩子的反應都很熱烈，每次上完課我都快要沒聲音了。」王紫菁語調明亮讓活潑的景象重現。他們即將走入第四

所學校，「農場一樣很忙碌，不過要繼續巡迴走遍瑞穗的國小，這才算是階段性任務的完成。」

玉里靠山邊的春日國小，每週一次「民族教育課」的經費來自原民會，特別邀請織羅米八六團隊成員和部落老人家帶領各年級孩子，進行部落文化課程。例如一年級學生要認識部落的作物：小米。孩子學習從外觀分辨「梗小米」與「糯小米」的不同。負責帶領的黃郁惠，將小米和糯米放入傳統蒸木桶炊煮，「小孩，待會我們要準備吃小米和糯米一起煮的飯囉！吃飯一定要配什麼？西勞（Siraw，鹹豬肉的阿美族語）對不對？伸出你們的手，這是上天給我們的筷子，所以現在每個人都要先去洗手。」黃郁惠還不忘再次考考孩子今天煮的是哪種小米。雖然不一定都說得正確，但小手抓起一撮米飯搭著鹹豬肉的味道，部落孩子不會忘。

黃郁惠覺得織羅米八六團隊沒有刻意地在做食農教育，而是文化傳承的一個責任。一年級的小小孩等吃飯時會哼唱著傳統歌謠，也會拿剛煮好的糯米飯給老人家一起享用，「我看見孩子與部落文化還是在一起的。」

回富里家鄉守護米食文化的青年鍾雨恩，二〇一九年受花蓮縣政府「解決稻米產量過剩」之託，欣然提供在地學校營養午餐米源，並去做分享，「至少讓富里的孩子知道，自己在學校營養午餐吃的米飯，就是來自家鄉的黑黏土所種植。」他還希望和在地學校老師討論，長期穩定地進駐，和學生分享更多關於米飯的在地故事。「教育者對食農教育的

明禮國小的食農教育不是學習耕作，而是到市場學習買菜、到社區學習廚藝，靈活運用了數學、歷史地理、家政料理，甚至未來有空間經營的學習。

想像和生產者的想像，存有落差，我想要當那座橋梁。」他觀察到，因花蓮地形狹長，城鄉差距仍存在。都會型的小學需要著重稻作文化、食材的認識；而離農村並不遠的學生，則需要重新認識農夫這個角色，也應獲得合理的敬重。

而位於花蓮市中心的明禮國小，沒有田地體驗農務，選擇從孩子日常飲食的經驗切入，市場小學堂的誕生，就來自這樣的想法。老師們寫教案、申請計畫，更串聯起在地長輩們，將食農教育和社區交流緊密結合在一起。明禮國小的孩子很幸運，離學校步行不到五分鐘就有一座從一九一一年便存在的「復興市場」作為校外教學場域。市場中仍存在一些使用天然食材、循古法製作美味的攤商，孩子一一拜訪：肉攤沒有想像中髒髒的、不衛生，原來也有冰櫃保鮮；使用在地生產醬油製作的豆乾好好吃；肉鬆那麼香，因為使用新鮮的肉現場製作的……。正所謂高手在民間，在老師引導學生提問下，這些攤商化身「菜市仔的一日講師」，傳承的是友善、良心與智慧，孩子們對於食材的原型及加工製成有了基本認識。至於料理體驗，就交棒給社區樂齡教室的阿姨阿嬤們，「搓一搓，拍三下，這樣你們做的草仔粿就會充滿感情。」長輩們用自己發明的口訣充滿耐心教孩子。這樣的食農教育除了食物飄香，還有滿滿人情味。

有的孩子在社區市場跑了好幾次後，開始會跟媽媽說：「媽媽，換我帶你逛市場。」拿著自己的「年夜飯繪本」說故事時，繪本某一頁畫了一個大大的女性長輩的頭像，老師問：「這是誰？」孩子回答：「她是我阿嬤，她炸的年糕超好吃！」仔細一看，阿嬤胸前還寫了一行字「Super Strong！」看見孩子把學習帶入生活，蕭美珍校長就覺得市場小

學堂值得繼續做下去。

日本從二〇〇五年制定「食育基本法」，從社會各層面推動食育，甚至培訓一群具備證照的「食育士」，專門在商場中為想要挑選蔬果的消費者解說。花蓮這些推動食農教育者也是，用各自的方式及創意實踐著。漸漸地，從孩子身上觀察到一點一滴的變化。

「吃，真的很重要，享受食材最天然的滋味，才能真正和自己的土地有所連結。」正如蕭美珍校長說：「讓孩子覺得有趣，才能慢慢翻轉孩子對家鄉、對自己人生的想像。」

好食推薦

草仔粿

從前清明節氣，小孩子的工作就是到田裡採艾草或鼠麴草拿回家「礁米」作草仔粿。市場小學堂帶孩子重溫傳統節令米食文化，和社區阿姨們學習動手做草仔粿。

1. **粿皮**：將新鮮艾草洗淨煮軟瀝乾，磨碎或剁碎成泥狀，以保留葉子纖維口感。粿皮選擇富里產的米，軟Q口感佳。純米泡水三至五小時後磨成米漿，瀝乾水分成為粿粉。然後將粿粉、粿粹（以少量糯米塊丟入滾水煮成年糕狀）、艾草泥、米漿一起揉成粿皮麵糰。

2. **內餡**：蘿蔔絲、香菇、溫體豬肉都切絲大火快炒，加入紅蔥頭、蝦米，依照喜好加入醬油、胡椒、米酒調味。

3. **包粿**：秤好粿皮重量，將內餡包進粿皮麵糰中，送進竹籠蒸熟，草仔粿就完成了。—— 蕭美珍

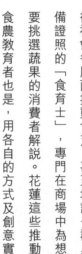

當令市場

滋味豐富的食材探索樂園

文字——鄭佩馨

菜市場，可說是每個地方發展的最初，吃食或娛樂從此開始，能得知在地人們生活所需基本面貌。

連鎖超市量多又便利，仍有人樂於走進菜市場，因為它有魅力：當令生鮮食材、熟食多樣，老闆還會分享食譜；定期有流動攤販帶來新奇物品，堪稱是「另類遊樂園」……

菜市場各有特色，相同的是人情味。走出菜市場那一刻，便覺身心都圓滿。

好食在市場

難得聚集幾位忙碌的煮婦──陳美齡、李志芬、陳心梅、陳瑞蓴、林玥妘，談到自己逛菜市場心得，滔滔不絕。總是要把握每天早上七到十點或下午三到六點的精華時段，奔進菜市場尋找最鮮活的食材，光是想到採買清單就覺得腎上腺素爆發，充滿興奮。

情報交換很重要，聊到喜歡的攤位大家有口皆碑，市場各有特色，哪攤買好菜好肉、哪攤吃熟食餐點，客人心頭都有所好，各種排列組合，成為自家餐桌上的最佳風味。

做生意風裡來浪裡去的攤商老闆們，願意與客人真誠以對更容易賺大桶金。新手走進菜市場如逛大觀園，資深煮婦們傳授心得「停、看、聽」，難免要繳些學費當做賺經驗，但不要怕發問，因為能夠和老闆面對面，知道他們怎麼挑選好食材、傳授如何

第一次煮菜就上手，才是菜市場最吸引人的關鍵。

大賣場便利商店林立，為什麼要推薦逛菜市場？因為會在菜市場出現的，多是當令且在地的食材，可以找到健康又優惠的品項。趕不及上菜市場的時候，找全天營業的超市補足，還好有的已經增添小農產品直銷站，但就少了點被多送一支蔥幾根辣椒的驚喜，也不能詢問：「這要怎麼煮才好吃呢？」煮食生活的小確幸都是這樣慢慢累積。

環境決定菜市場在哪，菜市場風格受人們影響，而攤商老闆和客人們，在奔忙中共同建立起的日常，想起來是種革命情感，各取所需互相照顧，一句句「好久沒來，最近安怎？」的關懷，人們與食物所發生的故事，就是在菜市場裡如此流轉著。

若真的擔心不知道怎麼找到菜市場好攤，六位市場帶路人提供的心得分享，可作為教戰守則。菜市場永遠是好食材的情報站，也是讓生活增添滋味的所在。

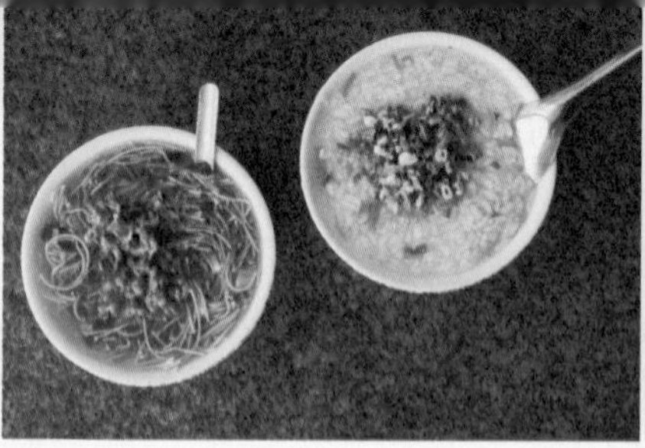

蔬菜攤

楊媽媽米粉羹素食粥

當令市場

大同市場、復興市場

帶路人——陳美齡

陳美齡長期參與花蓮市區小旅行、老店探訪等規劃，熱愛和市場老闆聊天。採買靠實驗精神，一攤攤試品質、老闆是否誠實投緣，久了就會聊起產地或彼此關心。

「大同市場」攤位少，很多客人從年輕買到老，情誼流動感很強，頗有社區文健站的氣氛。陳美齡的家離這很近，牽著小孩來採買，常常一路打招呼然後開心領著老闆送的零嘴回家。她還辦過親子逛市場活動讓小孩學買菜，攤主們很幫忙配合。

「復興市場」因位於日治時期花蓮港市發展的區域，很早便形成商辦聚集。外地旅客採買也方便，還可看出花蓮老街區的風貌轉變。市場分布為十字狀，內部多老店面，外圍是美容、服飾、五金等生活用品大宗集散地。

春捲皮專門店

偉多利豆腐店

芳美豆干

豬肉攤

大同市場

地址：花蓮市大同街與中山路交會處
營業：上午六點至十一點

● **楊媽媽米粉羹素食粥** 早上五點備料開火，若真來晚了沒吃到，大家會互相安慰明天早點來。

● **蔬菜攤** 老闆娘會溫馨提醒如何保存，難處理的蔬菜菇豆都會先挑淨切好。

● **豬肉攤** 場地乾淨有溫控設備，老闆說握刀手法有訣竅，盡量照客人需求處理好，也會分享烹飪方式。

復興（綜合）市場

地址：花蓮市公園路、復興街、公正街、中山路交會處
營業：生鮮五金區上午六點至十二點，美容服飾區全天

● **芳美豆干** 傳承五十多年的豆腐製品，將大黑豆干和白豆干塊切薄即食，免沾醬滋味豐富；還有可當零嘴的各式乾條。

● **偉多利豆腐店** 老夫妻每天清晨到楓林步道載山泉水，會教客人辨識：現煮豆漿看得到泡才沒有被加藥（消泡劑）。現炸油豆腐外酥內嫩很受歡迎，老闆娘推薦帶回家快速川燙後淋點醬油膏就好吃。陳美齡常用蔬菜和油豆腐煮湯或紅燒滷味。還有限量「金孫蛋糕」，是孫子愛吃才產出的商品。

● **春捲皮專門店** 老闆每天親手揉至少三十斤的麵糰，是滿頭大汗的苦力活，但麵皮香氣Q度實在和機器大不同，因應季節濕度要靠經驗拿捏用粉量和水分，遇到大節日還得要在市場通宵揉麵趕工。現場可欣賞老闆在熱爐前輕巧甩動，像敷面膜般在爐台上快速抹出餅皮。麵糰只有加鹽所以當天要用完；也可冷藏冷凍後再製作蛋餅、蝦餅、炸年糕等。

● **裕發行、泰興行** 同屬於花蓮巷仔內才知道的老雜貨店，適合行家尋寶調貨。泰興行有許多隱藏版的醬料、五穀雜糧、魚乾蝦米等琳瑯滿目，餐廳需要特殊食材都會慕名來找；門口的老秤，公克、台斤兩都可計算，歷經風霜仍然準確。

● **高氏仙の屋** 老闆娘用小推車販賣自製粉粿、仙草、青草茶、米苔目等消暑甜品，也會兼賣其他小農產品例如檸檬汁、鴨蛋等，冬季有糕粿湯圓，不加鹼粉，都用注重養生健康的食材。

高氏仙の屋

泰興行

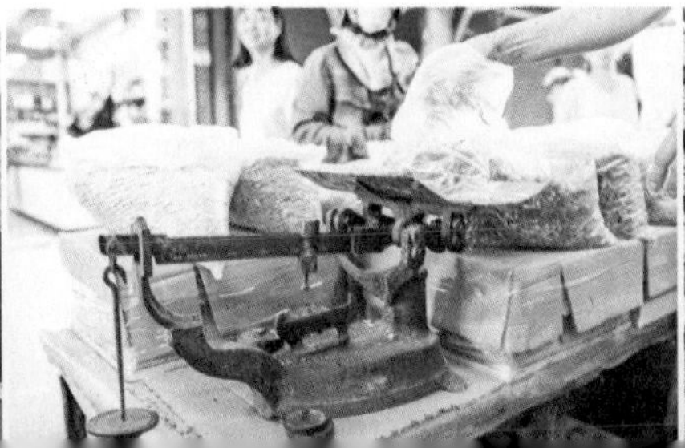

大福商行

富琴魚行

當令市場

中華市場

帶路人——李志芬、鄭成安

擔任公益團體志工的李志芬，活躍於生態活動與社會議題中，背後有先生鄭成安支持，他每天送女兒上學後就到中華市場採買，擔起家庭主廚重任，李志芬則接受指令跑腿當後備支援，是市場攤商們羨慕的幸福伴侶。

為什麼獨鍾愛中華市場？鄭成安說，主要是離家近買習慣了，長年都跟固定攤商交關，也不會因為太多店家而選擇困難。李志芬則觀察到，成立七十年的市場，當中的老店家歷經三代仍維持著該有的品質，攤商們也很有共識願意改善環境。

近年在經濟部輔導下，採購環境整潔舒適，不論帶小孩或推輪椅，都能讓人放心行走，也可遮陽避雨，屢獲優良市集認證。

新珍香燒肉

咸光餅

好厝邊蔬菜行

淑卿香酥排骨

中華市場

地址：花蓮市中正路、中華路、和平路交會處
營業：上午六點至十一點

● **富琴魚行** 品項多且乾淨，很多餐廳喜歡跟他們叫貨。老闆親切、魚種說明詳細，也會幫客人處理好。

● **大福商行** 牛羊豬肉品零售批發，一進門就會被老闆發球般詢問：「想買什麼肉？想怎麼做（煎煮炒）？」若客人說牛排就接著問：「預算？常煮嗎？希望的口感？」新手就會建議切薄些當作手感練習、老饕就大快朵頤吃厚片；預算少但想吃軟口感就推薦嫩煎牛排、不希望太血腥則適合熟食的牛小排、想吃軟瘦生應該買菲力等，讓客人得到最滿意的肉食。

● **淑卿香酥排骨** 炸物專家，每天早上五點多就備料現炸，八點前品項最齊。李志芬家愛買招牌排骨酥回家煮湯配麵，還有鹽酥雞、丸子、魚柳、天婦羅等都是美味。

● **好厝邊蔬菜行** 清楚的菜籃分門別類標註，一望即知，菜色也是好品質。以前是媽媽親切好人緣建立起口碑，現由木訥老實的兒子接手，生意仍然好到十點多就只看見空籃子了。

● **咸光餅** 沒有招牌，年輕老闆接手家傳老店，仍是受歡迎的傳統口味與做法。極重視食安觀念，會用功找資料貼出來分享，桌面也有醒目文宣：本攤產品絕無添加對人體有害之食品添加物。只賣咸光餅、不會痴呆老人蛋糕、瘋心小月餅（成分表也標示清楚）。市場老客人推薦要買這家餅配新珍香燒肉，就是道地中華風味早餐。

● **新珍香燒肉** 堅持用大甕炭火烘烤催出肉汁香氣，第四代經營的老闆娘說木炭成本逐年增加，但用電爐效果不佳，仍堅持七十年傳統作法。烤雞、脆皮燒肉、Q彈的烤豬肝、腱子肉乾等小食，一上架就被夾空。

● **順美商號** 總是排隊人潮，爸媽兒子一起顧店，全家都歡樂開朗，兒子負責去林榮肉品市場標豬，雖年輕但看得出經驗老道，選擇有口碑的養豬場出品。

● **新登味** 開業四十幾年，是知名的肉鬆、肉乾、貢丸名店。老闆娘推薦蜜汁肉乾和黑咖啡很速配。買貢丸可以向老闆要一包高湯，貢丸沒有肉腥味，高湯煮麵煮火鍋都很萬用。

● **三兄弟豆腐店** 李志芬會拜託先生搶購的老舖，使用非基改黃豆自製，豆香濃郁。

新登味

順美商號

越南甜品涼飲

鼎吉大腸鮮蚵麵線爌肉飯

素食煎糕清粥小菜

當令市場

重慶市場、美崙市場

帶路人——林玥彣（潘朵拉）、陳美齡、陳心梅

潘朵拉移居花蓮近二十年，擔任餐飲技術講師和輔導餐廳顧問，需要常走逛市場尋找好品質食材。她會支持能事先整理食材的攤商，認為就算價格稍高，評估可降低耗損成本也省時省力，且精選過的食材風味比較優。

「重慶市場」從花蓮早期最熱鬧的自由街溝仔尾發跡，逐步改建轉型為觀光型公有市場，攤位約三百家，魚肉蔬菜服飾熟食等都能買齊，且有許多專賣攤位，例如只賣薑蒜、雜糧、根莖等分門別類整齊的攤商，潘朵拉會來找較特殊的食材。進市場時還可先去吃幾家知名早餐，吃飽更好逛。

「美崙市場」則是小而美，與中華市場一樣價格稍高，潘朵拉覺得應是位於文教區，居民對品質有要求，攤商選品的標準較嚴謹齊全，成為潘朵拉烘焙工作室備課的支援系統。

週末限定菜籃地攤

梨山果菜攤

● 無毒小舖

● 健草農園

● 賀田菇菇

重慶市場

地址：花蓮市重慶路、自由街交會處
營業：上午七點至十二點

● **素食煎糕清粥小菜** 品項多但幾乎十點前就完售。老闆自調粉漿，加入海苔青菜現煎鮮香撲鼻；糕類也是自己磨漿製作。老闆娘記得老顧客吃什麼，還會幫長輩把菜煮得適合他們的牙口。

● **鼎吉大腸鮮蚵麵線爌肉飯** 湯頭好鮮蚵大腸入味，爌肉飯用黑豆醬油、玉溪香米等真材實料，道地的開工前早午餐。

● **越南甜品涼飲** 老闆娘用各種天然香草果菜做涼糕果凍、粉粿粉圓、椰子水、越南粽等。想瞭解越南植物如何入菜，就來和她聊聊天。

● **賀田菇菇** 小籃子擺滿整理好的菇類和有機友善蔬菜，潘朵拉會來找特殊食材。聽老闆娘詳細介紹產地來源，像在聽精彩故事。

● **健草農園** 自產有機蔬果，也經銷其他友善農產品，樂於分享耕種心得和自家食譜，讓客人有煮菜靈感。

● **無毒小舖** 自種的友善蔬菜，冰釀檸檬熬得濃郁，可保養喉嚨養身；夏季製作的涼筍和炒香脆筍等訂單接不完，「用心經營讓你吃安心吃健康」是為人所知的標語。

● **真の雞肉舖子** 用心處理雞肉，檯面光亮整潔，買雞腿雞骨回家能熬出清澈甜美的湯。

美崙市場

地址：花蓮市化道路、中美一街、民權路、中興路交會處
營業：上午七點至十一點

● **梨山果菜攤** 老闆娘家人在梨山採友善環境耕作，也有自製加工品如高麗菜乾或菜脯，CP值優。

● **週末限定菜籃地攤** 友善無毒的菜一籃籃整齊擺滿地，客人們立刻喊著要打包，深怕動作太慢被搶購完，自備購物袋還會給優惠。

● **洪裕泰平價超級市場** 是潘朵拉備課救星，辛香料醬汁乾貨什物都有。

● **鮮採無毒果菜** 老闆樂於和客人分享養生食譜，像是「馬鈴薯1：蘋果2，打汁很好喝喔!」

● **說好話菜攤** 跟老闆買菜很開心，例如客人問菜甜不甜，會被回「這菜跟妳同款水啦」，牆上貼號碼牌讓客人寄放菜總是掛滿滿，服務周到。

● 說好話菜攤

● 鮮採無毒果菜

● 洪裕泰平價超級市場

丸子阿伯

雞肉奶奶

蔬菜阿姨

鴻福果菜行

當令市場

市八市場、黃昏市場

帶路人——陳瑞蕁(阿蕁)、陳心梅(梅子)

阿蕁之前擔任護理師，現為藥理暨毒理研究生，重視食材成分來源，被暱稱「花蓮大長今」。結識許多市場攤商盤商，瞭解各種採買訣竅。「市八市場」從下午開賣，阿蕁建議到市場走闖要穿著隨性，因為仍有少數攤商會抬高價唬弄新手；有的攤商則與時俱進，有LINE群組和客人互動，忙碌的人可多利用。

梅子住台北時外食方便，不愛吃青菜偏愛肉食，十多年前搬到花蓮認識許多農友，才瞭解食材奧妙之道，一頭栽進廚房鑽研烹飪技巧，甚至開過小食堂，常到市集尋覓好攤商累積情報。梅子起初走進熟食豐盛的「黃昏市場」會眼花撩亂，被各種吆喝聲吸引停下腳步想嚐試。她建議務必列好採購清單，先下手必需品再隨心所欲。

阿男鹹豬肉

妙妙的店精緻小菜

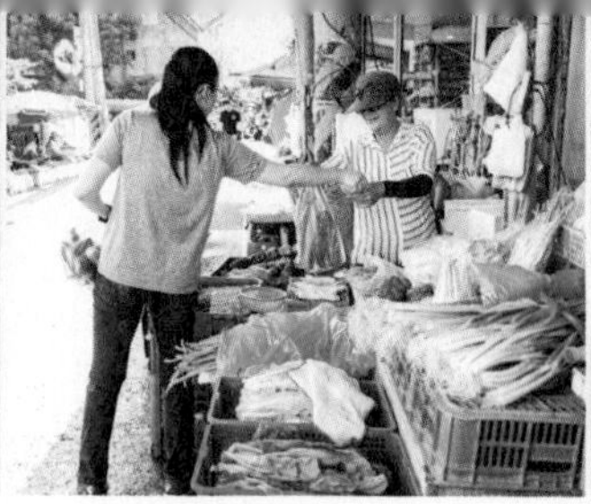

● 黃媽媽手工古早味米食 ● 台灣生鮮豬 ● 原民阿姨菜攤 ● 玉米阿嬤

市八（中山）市場

地址：花蓮市國富十街、九街、六街、五街沿路區域，近中山路
營業：下午三點至六點

● **鴻福果菜行** 暱稱「蘇菜大賣場」，標榜產地直銷的有機無毒安全蔬菜，品項多元新鮮。

● **蔬菜阿姨** 吉安農會產銷班無毒農業的產品，因不用藥難免會買到外表完整但裡面被蟲叮壞的菜，是可讓人換菜的誠心店家。

● **雞肉奶奶** 玉米土雞、燻雞都是客人最愛，可和奶奶拿些雞湯煮麵或加料。

● **丸子阿伯** 阿伯現場把肉漿打出筋，立刻擠丸子下水煮，有貢丸、魚丸、花枝丸、肉羹等，撈上岸馬上被圍觀的客人買走。

● **玉米阿嬤** 蔡媽媽堅持不用農藥除草劑，玉米甜美飽滿，從袋子裡倒出來就被搶購打包。

● **原民阿姨菜攤** 可以來找特殊菜色，例如脆甜的綠白蘆筍、大個頭的蒜苗等，都事先整理好也誠實報價。

● **台灣生鮮豬** 有溫控設備，肉品分類清楚很乾淨，只賣母豬（吃起來肉較嫩且不帶腥味），會將淋巴血塊多餘脂肪都好好清理切除。

● **同福豆腐店** 手工自製豆腐、豆漿、豆花、豆乾、豆皮等，夏天限定的仙草凍是消暑聖品。

● **黃媽媽手工古早味米食** 招牌油飯、米糕、肉粽料多豐富且吃了不脹氣，粉絲頁也大方分享成分和煮法。

黃昏市場

地址：花蓮縣吉安鄉中山路、中華路、吉興路交會處
營業：下午三點至六點

● **張記脆皮烤鴨、妙妙的店精緻小菜** 熟食攤是晚餐好幫手，迅速上桌餵飽家人。張記的白菜滷、筍乾、鹽水雞鴨和煙燻滷味搶手，妙妙的小菜豐富度也不遑多讓。

● **阿男鹹豬肉** 調味和燒烤功夫盛名遠播，梅子說吃不完還可炒飯或炒青菜。

● **麥田麵工坊** 老闆用蔬果（火龍果、地瓜葉、甜菜根、雞蛋等）製作健康彩色麵條。老闆娘會建議水餃皮和餡料的比例，體貼客人避免買過量。

● **原住民野菜文化美食** 野菜豐富故事多，還有杜崙、竹筒飯、醃西勞（生醃豬肉）、蝸牛、海菜等。

● **小莊的魚** 常有當日在地現釣海魚，可買到特別的魚貨。

● 小莊的魚 ● 原住民野菜文化美食 ● 麥田麵工坊

農夫的一餐

照顧自己的講究時刻

黃兆瑩

文字——陳琡分

小農黃兆瑩的隨意性格，在他做飯的過程中不時展現——各色菇類用手簡單剝成差不多的大小就好；調味全部直接用手抓，邊煮邊試，比什麼秤都準確；要煮濃湯的馬鈴薯、蘋果、牛蒡、薑，份量沒有一定，完全是冰箱有多少就用多少。他唯一在意的是，食材當季與否。

每次的產出都是無法預期的，
也希望都會是最剛好的味道。——黃兆瑩

黃兆瑩的一餐通常是這樣開始的。

可能是在田間工作時，突然想起前幾天看的某部烹飪影片，裡頭某個料理過程的畫面騷動味蕾；可能是開車在蘇花公路上蜿蜒著，舌尖莫名出現某種滋味，於是想要落實。「但往往到菜市場買菜的時候，看見別的又會改變心意。」市場琳瑯滿目的當季美好，總能改變他原本預想的大方向，「所以實際上都是去到菜市場，才決定今天要煮什麼來吃。」

黃兆瑩從台北移居花蓮務農約十年。從青農到「準」老農，身邊各種變化來去，不變的是跟隨日出日落的繁多農務。從天未大亮忙到天光漸收，已是習以為常的生活節奏；吃飯，不過是挲草、巡田、對抗福壽螺之間的穿插。黃兆瑩說自己不是一個每餐都要吃的人，甚至常常連吃飯都懶。但只要興致一來，他就會好好做上一頓飯，和忙不忙無關。「重點是有沒有想做飯的心情。假設有那個心情，就算今天忙到天黑才回家，還是會做飯。」有的人是煩悶時

會做菜抒壓，「我比較是『老子今天心情好，特別想做飯』。」他笑。

問他怎樣稱得上是一頓飯，「不一定要很完整的飯、菜、湯都有，也可以只是單純炒個想做的料理。」但天秤座的他做起飯來，卻是有名的「搞綱」，即使只有自己一個人吃也一樣。常常花上兩個小時做，十分鐘就吃完了，「就是會覺得，單純煮熟了吃，不是會很無聊嗎？」為自己講究，是一個人做飯的樂趣，或許也因此，他才會選擇心情好時下廚——畢竟在愉悅的狀態下，再複雜都樂意動手。

他端出的倒也不是什麼繁花盛開的饗宴，一個人的冰箱難免有很多小份量的食材，可以將同性質的食材煮成一起，例如青江菜與油菜就可以炒成一盤。最常上桌的是看似平淡無奇的炊飯，「炊飯超簡單，什麼東西都丟到一鍋就好，還很適合當清冰箱的菜色。」話雖如此，他也不是全部雜煮了事，而是先以平底鍋將配料炒出香氣，再將生米同水入鍋炊煮。炊飯想要保留米芯硬度時，可減少煮飯的水量。大約比平常少個半杯，也不用先泡。

他搞笑地稱自己是個不吃軟飯的男人，喜歡保留一點米芯的硬度；而身為栽種不同米種的農夫，自然具備選米優勢。「反正我有不同的米，可以隨我高興來做選擇。」

回想自己的下廚史，彷彿天寶遺事那樣久遠。「應該是小學就開始了吧！我家以前經營麵攤，小時候我就會幫忙煮麵，常常獲得客人的稱讚；後來變成自助餐店，我就學著掌鍋做些炒飯、青菜之類，爸媽甚至也會把我做的菜分享給熟客，得到的回應都很好。」久而久之，做菜從「一件有趣的事」，成了黃兆瑩的生活習慣，更是他閒暇時的實驗遊戲。「我喜歡試沒做過的味道——去外面吃飯，是在試別人的味道，吃到一些特別的，可能就會成為我下次想變化出來的範本。」

不同季節有不同食材，農夫格外了然於心；但滋味如何變化，端看各家本領。除了現場嘗鮮，黃兆瑩也時常上網搜尋如MASA、奧利佛等廚師的料理影片，「我不會特別做筆記，看留下什麼印象，之後有機會就試試看。」完全佛系心法。但他還是有些原則，例如菇要先煸炒過，鮮味才出得來；但只炒鴻喜菇和雪白菇，舞菇不炒，以保留其清脆。米在炊煮前加入味醂、醬油和米酒，增加味覺層次。

濃湯要打得細緻，將堅果烤過後敲碎拌入煮軟的紅蘿蔔塊裡一起打細，要留一些堅果碎粉最後撒在湯上，喝起來才不無聊；更莫忘將紅蘿蔔片和蘆筍也要烤過，放進湯裡當裝飾。「口感要一致且豐富。」至此終於理解，為什麼他一頓飯可以煮上兩小時。

所有的盤飾都擺到滿意了，他才將成果端到客廳，就著手機影片或是書本配餐。朋友笑他邊緣，他也不以為忤。「我當然也喜歡和朋友一起弄飯吃，但自己煮自己吃，比較可以照自己的步調，輕鬆很多。而且我不是會先試菜的人，也不會照食譜按表操課，所以煮出來什麼味道，自己承擔就好。」一個人做飯，更要在意色香味俱全，這是他對自己最講究的時刻。

好食推薦

蔬果燉飯與濃湯

要讓飯有味道，又想保留食材顏色，可以將食材分兩份，一半和飯一起炊，另一半炒起來，等飯炊好後拌進去。

濃湯可以把食材「藏」在裡面，適合拿來對付挑食的小朋友。想要增加濃湯的稠度，加入堅果一起打細；若沒有堅果，也可將金針菇先炒香再一起打，都會有類似勾芡的濃稠感。——黃兆瑩

1

2

3

4

1

2

3

4

社區共食

來，一起吃飯！

伍佰戶社區

文字——王秀如

會忍不住像孩子一樣把盤子舔乾淨。
從米粒中吃到農夫對土地的情感，
這是食物對我傳達的訊息。——趙書琴

趙書琴說：「吃東西是維持生存很重要的一件事，但現在我們都很快速在解決這件事，並沒有真正享受吃飯在生活裡的意義。」

她喜歡認識並凝聚人們，感受到社區居民彼此並不太活絡熟識，擔任社區管理委員會主委後，積極推動活絡社群，改變從「一頓飯」開始。

「共食最喜歡的料理？」趙書琴說：「無論什麼場合，我總是端出那一道——麻辣臭豆腐。」因為孩子吃不了辣，煮飯時總是需要遷就孩子的口味，所以趙書琴遇到共食的機會就端出這道麻辣料理。她說：「這道菜是要療癒大人的喔！」

她喜歡那道鮮紅爽辣在胃裡開出煙火，愉悅了心情。她的特質也像麻辣臭豆腐一樣熱情爽朗，感染了社區居民、帶動了社區的活絡氛圍。

三年前趙書琴從花蓮市區搬進位於志學的「伍佰戶」，獨立倚靠著鯉魚山脈的田野間。社區居民成員多樣，有落戶超過十幾年的退休人士、從外縣市遷徙來的移居者，以及就讀東華大學暫租於此的學生們。這樣一個遺世獨立的小社區，住戶流動率頗高，大部分彼此陌生。

趙書琴思考，要怎麼樣把人們聚在一起，有所交集呢？兩年前的夏天，她想出了一個藉由餐桌將大家聚集起來的點子。她鼓勵社區的一位朋友擔任廚師，在家成立「社區廚房」，固定每週四中午供應午餐，採預約付費制，但試行了一個月之後，就由於參與人數不穩定、家用空間有其限制性等因素，朋友退出了合作計畫。趙書琴沒有放棄，社區廚房的概念歷經幾次轉型，最後成為更有彈性的「一家一菜社區共食」。維持在每週四舉行，欲參與的居民每戶帶一道菜餚，活動地點改至公共空間——社區活動中心。共食活動變得更容易推展，每戶家裡都有廚房可端出親手烹飪的菜餚，桌上頓時充滿不同的原鄉味覺記憶和私房料理，共食餐桌成為彼此交流廚藝與情感的場域。

在社區舉辦共食活動，可從幾位友人開始，能與管委會合作更佳，運用通訊軟體做聯繫，會是不錯的管道。一開始，趙書琴和合作夥伴從社區內參加孩子共學課程的媽媽朋友圈發出邀請，並透過原有的團購 LINE 群組發布共食消息。後來她加入管委會，認識更多居民，使用通訊軟體成立了「共食專用群組」。

社區共食：設定了基本原則之後，社區活動中心、某人的家，都可以是共食的場域。

進行流程：

1. 約活動日一週前，於群組發布共食邀請。
2. 請欲參加者於活動日前二至三天回覆參與人數及菜餚名稱，方便預估份量以及分散菜色。
3. 每場活動邀請一位居民負責煮白飯，以免一桌子的菜餚獨缺主食。

居民們在餐桌上，透過輕鬆聊天締結友誼，長出許多意想不到的連結，志同道合的夥伴一起激發靈感，衍生出各式的同好社團或微型事業。例如：聽到有人感嘆不會使用智慧型手機，擅長使用的人就自願開設教學課程；喜歡煮咖啡的年輕人發起品咖啡活動；某位媽媽聽聞上班者有需求，便發起手做便當的訂購，服務沒時間下廚的鄰居……。如今共食活動再度轉型，取消週四固定時段，每一位居民都可發起號召。不同形式的共食在社區裡產生：有時是社區全員參與的大型節日慶典，有時是幾位要好朋友約在家裡的私密聚會，還有英文老師組織的免費英語會話共食。

好生活同樂會：每周四下午（冬夏時間前後微調），社區活動中心的食物交換場域，也是社區人碰面問候的好時機。

共食餐桌在社區裡移動，串起原本互不相識的鄰人，宛如一場場熱烈沸騰的流動饗宴。曾經長年閒置的社區活動中心，也在趙書琴的發起和居民的齊力營造下，如今除了共食活動，更每週舉辦熱鬧歡騰的同樂會。

由於伍佰戶社區內沒有雜貨店或便利商店，距離馬路上的店家有一段距離，因此居民除了在LINE群組團購之外，還組織了「好生活同樂會」，每週四下午四點半到六點半在活動中心舉辦，嚴選友善耕作小農擺攤販售當季蔬果，也開放居民販售自製品，吃與用的都有，成為社區採買食物與交流物資的重要聚會。

按照往例，節慶也是共食的好日子。冬至前一日，伍佰戶社區的居民發起中午在活動中心舉辦共食及搓湯圓活動，先到的居民主動從倉庫搬出桌椅擺成ㄇ字型，其他居民陸續端著自家菜餚上桌。冬至聚餐的餐桌上有：熬了十二個鐘頭的炕肉滷汁、烤得鬆軟金黃的奶油蒜味吐司、炒小管、醋拌鮮蔬沙拉、菜頭排骨煲湯、自製紅咖哩醬及綠咖哩醬、麻辣臭豆腐滷白菜等等，擺盤香氣引人脾胃大開。

大家吃吃聊聊分享著彼此的故事，圍著桌子的居民們臥虎藏龍，有的深耕社區十幾年說故事給孩童聽，有的暫時在家裡帶孩子當奶爸並希望未來能成立社區幼稚園。用餐後，有些孩子耐不住久坐跑到戶外遊樂設施玩耍。大人們透過落地窗看著孩子們在陽光下嬉戲奔跑，安心地聚在餐桌上訴說與分享對生活的願景。社區像一個互助共好的生活圈，是不是很美好呢？

好食推薦

麻辣臭豆腐

「沒有就是有。」同樣的主食材，沒有固定配料，看看手邊有什麼，就能變化出不一樣的風味，這是料理無數次後的心得。
材料是社區團購的深坑萬吉臭豆腐、台中的麻辣料理湯包，社區周邊農場新鮮蔬菜。作法也簡單，臭豆腐掰小塊、紅蘿蔔切塊和麻辣湯包加水一起煮，水滾後小火煮三十分鐘，最後加入高麗菜。療癒大人的麻辣臭豆腐完成！——趙書琴

有態度的店家
用心準備，享好食

文字——鄭佩馨、吳佳儒（春虫冰工場）

專業廚師有伯樂的慧眼，能辨識俱千里馬潛力的好食材，再用巧手藝轉化成美味佳餚，讓人們飽胃暖心。

「BOSO飽所」有充滿元氣的蔬菜溫沙拉，「彩虹魚」善用小農果物加工品做創意烘焙，「春虫冰工場」發掘當季鮮果原味本色，「膳糧廚房」樂於分享食譜和採買點，「深夜食堂」堅持找不到在地好魚就休息，「鳳成商號」傳授吃好米的決勝關鍵。

廚師的好料理，會讓人備感撫慰，不能親自煮食，就找幾家令你安心品嚐的去處，餐廳若願意採用來源友善品質良好的材料，等於為食客們開了一扇窗，學習照顧彼此，也愛惜大地。

謝謝你們來到我手上，
我會盡可能讓客人認識你原本的味道。——Kai 和小夏

有態度的店家

BOSO 飽所

花蓮縣花蓮市中興路 250-2 號

開業剛滿兩週年那幾天來了許多熟客，進門就對著老闆喊生日快樂。老闆 Kai 和小夏都在花蓮成長，外地就學工作後再回鄉，因為熱愛烹飪研究許多食譜自學，在服務業累積豐富經驗後，決定完成長久以來的心願，開一間花蓮市前所未有的主題餐廳。

好的廚師是食材催化劑，透過廚藝讓食材變成人們喜歡的味道。Kai 和小夏希望「BOSO 飽所」作為一扇窗口，讓更多人瞭解食物來源很重要，才會開始重視自己和土地的關係，來吃的人都會慢慢被影響、可以逐漸被翻轉。

「溫沙拉」是以大量多樣的新鮮生菜為底，搭配加熱煮熟的肉類、豆腐、根莖蔬菜和菇類等，再淋上醬汁調味。有別於一般的生冷印象，是有溫暖和飽足感的餐點，也是飽所的起源和定位主軸。因為生菜是重要品項，會特別注意食材來源和質量。

溫沙拉的特點是看得見食物原形，不會把生菜切撕

得很碎，盡量維持植物的天生美型，餐點上桌時會主動向客人介紹今日用菜，邊吃邊認識，因此和農夫們合作過程也會溝通適合擺盤的栽種尺寸。他們在菜單特別留了一整頁篇幅，介紹這些友善安心的花蓮食材生產者，希望作為平台和橋梁，讓消費者用餐同時更瞭解在地風土，再搭配外地的植物工廠，讓店裡能供應的菜色更多元豐富。

生菜價格比一般蔬菜貴上數倍，Kai 和小夏當初也曾忐忑於成本過高，猶豫花蓮民眾能接受的程度，但至今已能打平且有些許利潤，表示理念相同的支持者還不少。兩年來遇過好幾組對生菜沒信心或是恐懼的客人，後來都成為熟客。

有一對住附近的老夫妻初次走進來，因為保守的先生不吃生菜，太太開始坐立難安，Kai 先仔細介紹食材來源、種植流程和烹調處理方式，原以為老夫妻會離開，後來點了溫沙拉竟然都吃完。「隔天他們又再出現，之後成為愛點溫沙拉的常客。」回憶

起這段過程 Kai 笑得很開心，和主廚小夏覺得很有成就感。也有少數客人吃不習慣而剩很多菜的狀況，「我們在後場還會試吃那盤剩菜確認問題所在，例如不新鮮、調味錯誤，或僅是口味不合，若有機會客人再來，會想瞭解是否需要改善。」

趁著休息空檔，兩人帶著狗兒子 BOLU 和 SOKO 在門口放風，全家都笑了。「一個讓你擁有酒足飯『飽』幸福感的『所』在」，Kai 和小夏希望不失本心，繼續朝著這個方向努力。

食材供應者

花蓮／蔬菜（太魯閣 767 魚菜共生農場、健草農園），麵包（小滿麥拾）

外地／蔬菜（樂鮮良房、源鮮智慧農場），牛奶（鮮乳坊）

好食推薦

鮮烤野蔬藜麥溫沙拉佐胡麻醬

一盤溫沙拉會用二至四種生菜，例如有紅寶石彩豔萵苣、綠火焰萵苣，義大利綠奶油萵苣、紅奶油萵苣、虹彩之星。

栗子南瓜、茄子（馬鈴薯、地瓜、洋蔥、大蒜等也可挑選使用），均切薄片約 0.3cm。

南瓜塗抹橄欖油入小烤箱，烤到些微焦糖化有甜味。茄子用平底鍋煎。淋橄欖油、鹽、七彩胡椒或紅椒粉、奧勒岡等香料，整盤進烤箱。

另搭配鴻禧菇和雪白菇，先用芥花油炒至熟軟。擺盤時先把大片軟嫩葉菜如綠奶油鋪底，深色菜間層擺增加視覺效果，注意口感平衡，放上烤好的根莖類和熱食、豆腐泥（嫩或板豆腐攪碎，也可以用肉末），最後撒上水煮過的藜麥粒，吃之前再淋胡麻醬。

● 小提醒

1. **保存**：生菜通常是連根整株寄送冷藏較易保鮮，可先分裝小包再加上廚房紙巾除濕，些微透氣，最多保存一週，洗過的大概只能放兩天要盡快食用。

2. **清洗**：即使是網室無農藥水耕蔬菜，可能有灰塵或蟲停留過的痕跡。先用大量流動清水沖過，換水至少三次，然後一片片撥開輕輕搓洗；若是土耕更要反覆檢視根部葉背是否有蟲卵雜質。把老葉黃化壓傷凍傷的葉子挑出後，再以飲用 RO 水沖過。水分盡量甩乾，否則會稀釋醬汁味道影響口感。

3. **口感**：生菜選擇要注意口味平衡，溫沙拉需要軟嫩感便於入口，所以紅綠奶油萵苣、虹彩之星為主，用少許的綠火焰或紅橡木萵苣做形狀和顏色搭配，因為紅色素的菜會有些微苦味或辛辣感。

有態度的店家

彩虹魚創意烘焙教室

花蓮縣花蓮市民權路 163 號（預定 2021 年營運）

「餐食是我們的日常，也是我們認識世界的一種方式和選擇。身為食物製作者這個角色，能夠找尋真食物，接觸生產者，並把它帶進麵包、甜點或課程，我們和食物之間就開始迴盪與合鳴了。」

王智珉原本是來花蓮念慈大人類學研究所，論文田野是東昌阿美族女性的結拜觀察，也曾做過關於「食物與身體感」的相關計畫，這些主題都是從食物開始的研究，結拜田野每日就是美食聚餐，身體感研究則是從味覺記憶聯結到身體記憶。人類學的培養讓她對於人總是有細膩觀察，沒想到多年後成為獨樹一格的創意烘焙師。

起初和朋友們合夥開安親班，不想只把小孩關在教室寫字，她開始帶孩子們作烘焙，後來在兩年內考取烘焙相關證照，成立「彩虹魚創意烘焙教室」。取名彩虹魚，是源自一個分享的概念，彩虹魚將身上發光的鱗片分享給喜歡的魚兒，讓牠們也能發光。因為用心忙碌，經過二三年暫換為工作室休養生息

後，已在規劃新的營運空間，繼續熱愛的烘焙教學。

因為老家是水果商，有品管檢驗室，王智珉從小就跟著母親學習辨認食材好壞與知識，深刻體認到若能在孩子們身上落實飲食教育，學習如何讓自己更健康，是長久保養之道。「以花蓮文化串聯花蓮特色產物，以故事方式認識食物成長的所在，讓食材佐入點心或麵包的時候，更生動並富含情感與意義。」這是彩虹魚兒童烘焙營的招生結語，她設計的課程果真也不只是烘焙而已。夥伴們編排戲劇童話，引起孩子對食材來源的各種想像力，再透過親手烘焙的魔法，山與海都轉成身體養分。

她的烘焙總是充滿對人的關懷，為剛離世的好友告別式製作甜點，都是主角日常愛吃的口味，讓參與者在笑與淚之間轉換心情；受邀製作講座點心，會特別詢問講師主題，搭配適合的造型與口味令人驚喜；幫吃生酮的朋友們設計適合的麵包，思考各種替代物滿足需求。

烘焙課程中不論大人小孩，張大眼辨認自己剛才做的麵包變成什麼樣子，咬下的瞬間都會忍不住忘情大喊，「好好吃喔！」王智珉露出溫暖的笑容說：「看大家吃得這麼開心，我就覺得超開心！」

王智珉總是到處東奔西跑，去找尋適合使用的友善農牧食材和故事。她說，烘焙是各種生活體驗的集合。甚至能開著行動烘焙車、打破定點教室的藩籬，靈活自在地做教學服務，是她最希望達到的夢想。

食材供應者

花蓮／雞蛋、薑黃（黎明向陽園），季節蔬果、可食花（健草農園），草莓（右山果實），米和紅豆（伍GO農）
外地／麵粉（大城小麥）

好食推薦

時蔬雞肉佛卡夏

小朋友也很容易操作喔！
準備的材料有：混入綠橄欖的麵糰、玉米筍、綠花椰、熟雞胸肉片、黑橄欖、焗烤起司絲、起司粉。
麵糰分成約手掌大小，壓扁約一公分厚度、直徑如成人五指張開的尺寸，建議不要太大會變披薩。輕戳幾個洞，刷橄欖油滲入麵糰，這會是烘烤後香味來源。先鋪一層起司絲、擺上蔬菜肉片、撒起司粉，即可進烤箱，烤十五分鐘出爐後再薄刷一點油。

草莓蛋糕

彩虹魚季節限定的水果蛋糕很受歡迎，夏天芒果冬天草莓，使用黎明向陽園放牧蛋，製作口感水潤柔軟的戚風蛋糕，中間夾水果餡，也可用芋泥或布丁等，右山果實的草莓切開不會空心且香味豐富，表面抹的鮮奶油只加少許糖打發避免甜膩，將健草農園的可食花放在水中漂洗乾淨，花瓣吸飽水精神奕奕，裝飾在蛋糕表面讓人眼睛一亮，撒上防潮糖粉完成。

1

2

3

4

1

2

3
stretch-tite

4

有態度的店家

春虫冰工場

花蓮縣壽豐鄉壽豐村壽豐路一段 3 號

「自然原味，手工冰品」，簡單木頭文字樸實呈現，這間在壽豐扎根六年的春虫冰工場，是在地人熟悉的店家。「我們是鄉下地方，很多是客人幫忙介紹來，也有人好奇進來先點一球，覺得好吃又再回頭點了三四球。」老闆莊書宇笑著說。

四年前，因緣際會下從林口來花蓮生活的他，對於友善大地的樸門永續生活設計產生好奇，因而尋找實踐的農場，好不容易找到運用樸門理念經營生態園區的王宏基，「但師傅竟然說，他已經退休在賣冰了！」因為與師傅一見面聊天就很合得來，莊書宇體驗農村生活的同時，開啟了意外的冰品學徒之路。

談起王宏基師傅當年創業歷程，原來春虫也曾做過一段時間的化工冰店，籌備時廠商帶來各式化學粉末，經過比例調和之後，一下子就成了草莓風味冰淇淋。「當時他越做越良心不安，心想這還要給孫女吃呢！怎麼沒有水果也能做出來？」後來師傅決定一口氣將所有原料全倒了！回頭找過去工作時認

識的小農，從黑糖刨冰、冰淇淋到冰棒，全部一手包辦。喜愛吃冰，卻深受後天過敏體質困擾的莊書宇，深深被打動。

莊書宇接手經營後，也持續和小農合作，會特別去找在樹上慢慢成熟的水果。「養分吸收足了，風味自然會好。花蓮是有機、友善耕作的大本營，但有機驗證對有些小農是比較大的負擔，而我們因為認識，知道他們是扎扎實實地去種。」當季水果產量過剩時，也有小農會主動上門詢問。「每一次來的水果，狀態和味道都不太一樣，那是今年的土壤和氣候決定的，是大自然決定的，所以做出來的冰淇淋，味道也都會有一些不同，是最真實的滋味。」

不要求產品規格化，期待回歸食物本味，在心境上，也需要豁達面對製作時帶來的各種挑戰。處理程序就是一番功夫！像是洛神花冰淇淋的製作，從清洗、去籽開始，還需要殺菁、曬乾，「因為不使用化學添加物，和一般製程相比要花上多十倍的時間，需要四天才能釀成酸脆的蜜餞，再做成冰淇淋。」

「我們做的比較像是國外的雪貝（Sorbet）和雪酪（Sherbet），但在台灣都被叫做冰淇淋（ice cream）。」雪貝有什麼樣的特點呢？除了以大量新鮮的水果製成之外，既不加雞蛋，也沒有鮮奶油等額外的油脂，吃起來清爽無負擔，熱量也低；而雪酪則會再加少量鮮乳來增添滑順感。

他還貼心地為對牛奶過敏的客人推出無加奶系列，像是洛神花、百香果等。「除了做給家人吃一分安心之外，我也希望讓更多人都能吃得到。」春虫希望能成為日常甜品，讓大家都有機會認識這樣單純天然的好味道。

好食推薦

冰淇淋

採用當季水果，味道的調和，十分仰賴敏銳的味覺與實作經驗，輔以專業的甜度計測量。

百香果口味：最費工夫的便是去籽了，滿滿果肉做成，很開胃解膩。

紅芒果口味：芒果加入桑葚做成冰淇淋，芒果的清香會帶出桑葚的酸甜。

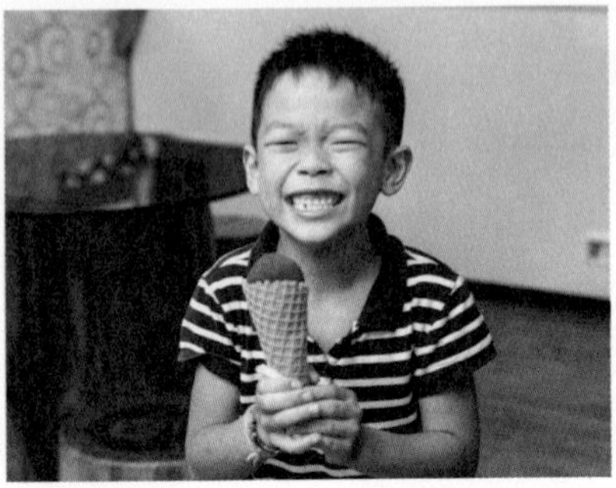

冰棒

冰棒模具是放進零下 30 度的製冰機，待結凍後拔起，快速裝袋完成。

鮮乳口味：瑞穗小農 100% 生乳製成，不額外添加奶粉。

木瓜鮮乳口味：製作時木瓜籽和皮都要確實清除乾淨，但會保留一點帶苦味的白色纖維，風味更天然。

食材供應者

花蓮／木瓜（木瓜溪橋旁阿嬤），洛神花（瑞穗奇美部落），桑葚（花蓮台九線小農），百香果、火龍果、檸檬（壽豐鄉月眉村）

外地／桑葚（嘉義義竹柯班長桑葚產銷班）

1

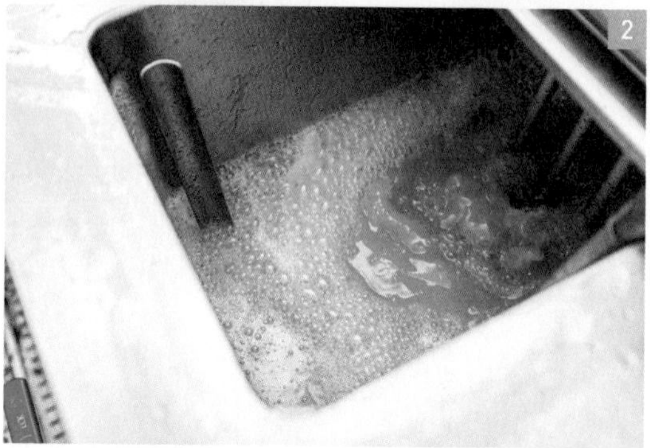
2

3

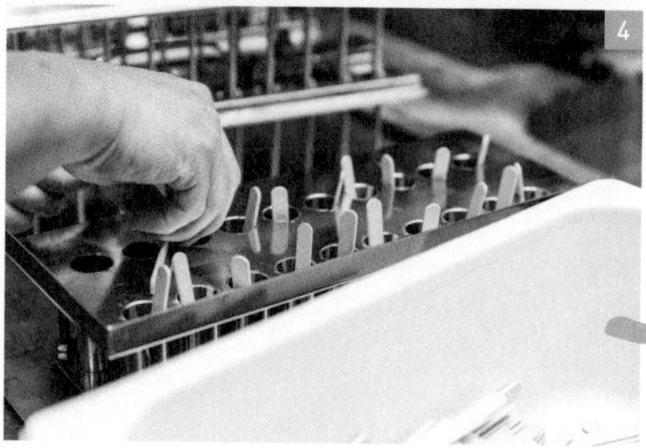
4

5

6

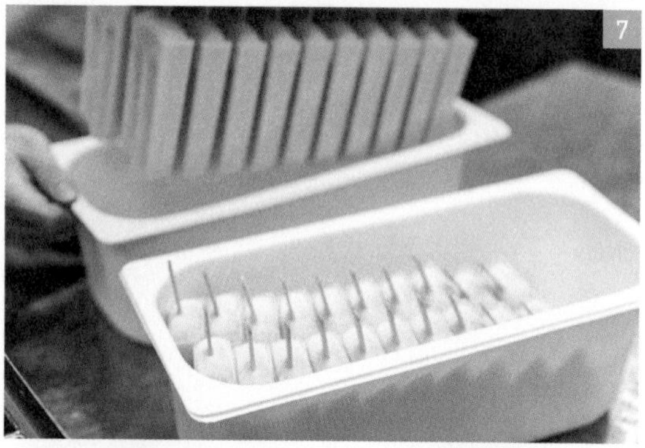
7

8

有態度的店家

POPOMAMA 膳糧廚房

花蓮縣花蓮市中興路 110 號

在花蓮美崙市場旁的家庭式料理食堂，老闆娘張萱早上七點就進廚房工作，每日現熬牛肉湯。她找市場熟識的小農挑選安心蔬果，幾乎都是當天鮮採送來。

她從不吝於分享，店裡用的茶米油鹽醬醋糖，甚至被讚不絕口的炒酸菜，有人問都大方傳授，成為自煮料理的參考。想經營的是一間以關懷人為出發點的食堂，大家自然交流、互助合作，吃飯是讓人輕鬆開心、忘掉疲憊的療癒過程。

張萱曾在某教育基金會負責廚房事務，認識許多來源友善的農牧食材和醬料，也學習到如何用心將料理化繁為簡，就能呈現食材本色的好味道，「想要美味並不複雜，在家也可以做到。」她常對客人這麼說，並樂於分享備受歡迎的各種小菜做法。有位美食家曾說：「光顧一家新的店，先嚐小菜就知道師傅的功力。」張萱對於小菜的處理也非常仔細，秉持洗過再切的原則，不能切過再洗會容易受污染和流失養分，通常是洗一餐份的蔬菜，盡量洗好就

馬上用。

兩年前為了陪伴長輩而返鄉，在老家開業，只有二十個座位，常常燈一點亮就有熟客走進來攀談用餐，氛圍溫馨。因為環境乾淨食物安心，住附近常來吃的客人說：「如果很累沒空煮飯，帶著小孩來吃也不會有壓力。」張萱笑說：「其實我好想出來外面和客人聊天啊！沒想到這麼忙！」

以前時常去拜訪農牧場，「種菜環境很重要，種的人也很重要，可以感覺到他的菜是否有活力。」現在店小量少和農場配合有限，但希望能盡量用最新鮮的菜，轉而尋找市場裡品質佳的自售小農，好的賣菜人，攤位也彷彿會發光，那是被用心對待的模樣。和攤販交換煮食心得，逐步建立信任感，找到適用的菜。

張萱認為友善耕作的蔬果比較耐放，風味獨特明顯。也慣用兼顧環保和動物福利的肉品，不易有腥臭，且處理過程乾淨有保障。先找到好食材，調味料是幫手，「每個人都是自己的大廚，好食材甚至只需要清燙，再拌上品質好的調味料就很美味。」

她說回到花蓮後處處逢貴人，熟識的廠商業務會挑選小店能負擔且適合搭配的素材，客人也會毛遂自薦或提供在地好農家建議。有機友善食材成本較高，但因為自家經營沒有租金負擔，膳糧廚房的定價很平民，從百元內的麵到兩百元以上套餐都有，覺得這樣讓大家用餐比較沒壓力，平價外食也能吃得健康。

店裡擺著幾隻貓頭鷹裝飾，都是她的收藏，西方傳說是擁有智慧與洞察力的吉祥之鳥。「我希望讓這裡是一個被支持、互相療癒的地方。我甚至記得每個客人第一次進來的樣子，從不臉盲，會觀察他當下的需要。」願景是鼓勵大家自己動手煮，如果鄰里親友之間能一起吃飯，就是聯繫感情的好方法，延伸到社會就是累積好的人際關係。如果沒辦法煮，膳糧廚房就是一個能安心來的場所。

食材供應者

花蓮／米（九五之禾），米酒（鑫囍酒廠料理米酒），酸菜（新城農民），蔬果（健草農園、美崙市場，少部分從花蓮農會超市、全聯的小農區調貨）。

外地／肉（三久無毒豬、澳洲紐西蘭草或穀飼非基改牛），醬油（味榮黑豆珍釀壺底蔭油油膏、油露），穀香米酢、素食烏醋（穀盛），炒菜油（日本 TSUNO 健康玄米油），香油麻油（源順冷壓芝麻油）。

好食推薦

牛肉麵

大鍋裡有蘋果、番茄、洋蔥、薑蒜、大骨、筋膜、牛筋、中藥材等，從早上七點一直熬煮到中午。少量調味料（豆瓣醬、米酒、醬油），湯頭古溜古溜不油膩，看似紅燒入口是清燉。

蔬食小品

1. **南瓜味噌湯**：將南瓜和洋蔥洗淨切一口大小，滾水熬煮軟透後加入味噌攪拌化開，繼續煮到入味熟成。
2. **胡麻綠花椰**：整株浸泡仔細撥開花蕾沖洗，洗淨切分成小朵，水煮到大滾，加一點米酒（也可以加鹽），燙熟後撈起冰鎮備用，上餐前淋上胡麻醬。
3. **炒蘆筍什錦蔬**：滾水加一點米酒或鹽，蘆筍和甜椒絲先燙半熟撈起。炒鍋內少許熱油撒入鹽與胡椒，先炒菇類釋放多醣體和水分，就會自然有勾芡感。再加入蘆筍甜椒拌炒均勻，關火前滴一些香油。

有態度的店家

花蓮・深夜食堂

花蓮縣花蓮市建國路 6 巷 2 號

著名日漫《深夜食堂》開場白：「一天結束，人們趕著回家之時，正是我一天的開始，菜單只有這些，如果客人點其他的，我會儘量做，這是我的經營理念。你問我有沒有客人，人還真不少呢！」花蓮版深夜食堂，位在隱密巷內的日式老房，年輕熱情的老闆楊宗儒有相同理念，身穿和日劇男主角同款式廚師服，從早上五點半開始到海邊收魚，營業日通常要忙到午夜才能休息。

七年前回到花蓮接手家業，陸續師承三位日籍資深料理長，學習正統江戶前握壽司。獨立開業兩年，已從可納涼的屋台進化到有店面的板前，每次只服務八位食客，門外總是有人排隊等候。店面小小但要忙的事很多，工時相對拉長，他的動力來自於「因為好玩，真的很好玩！」原本學習美術的宗儒，在精進廚藝的過程，不僅要求好食材與口感，對於日式料理美學的領悟比同學們更快，器皿選擇和擺盤哲學，都讓他獲得很多成就感和樂趣。

身為廚師，首重刀工，「練出光刃味覺生」是店裡無法忽視的主視覺，出自日本東京知名刀具老舖「正本」，閃亮亮的幾把刀掛在牆面，都是日常使用，好刀具和工法帶來的美味是機器無法取代，一刀切下立即決定食材的口感及保存。曾在粉絲頁寫「好事多磨」，他接受到的職人觀念是，就算開店二十年，仍要自己煮飯殺魚，總是從柴田書店（日本料理專門出版社）吸收大量新知，積極邀請老師和認識的廚師們來辦客座活動，互相交流，學習各種角度的食材運用，得不斷磨練精進才有所收穫，頗有壽司之神小野二郎的精神。

但在深夜食堂吃飯是輕鬆的，楊宗儒站在板前，和客人們聊天互動，介紹食材知識，也交換生活故事，想到要做的菜就和客人分享，客人帶酒來也揪他一起喝，深夜食堂不只在書裡，是真實存在。

吃下一個握壽司，其中三成是生鮮、七成是醋飯，因此壽司店用的米是核心重點，「醋飯是和其他壽

司店決勝負的關鍵！」透過同樣重視花東食材的法式餐廳介紹認識「天賜糧源」鍾雨恩，瞭解富里米種植區域的差別，選擇黑黏土質地的好米。因新米含水量高會產生黏性，做醋飯容易糊掉，口感上不能完美和魚肉融合，所以壽司米不能用剛採收的新穀。農夫會在採收期先預留深夜食堂的量，等放兩三個月之後再出貨。生產者願意為廚師做把關，餐廳表現會更好。

海鮮類的備料複雜，務求新鮮，盡量當天採買就用完，「漁獲切開後就是傷口，切開面會產生組織液，是造成腐壞和腥味的原因。」部分需要做熟成處理的魚，得維持零到二度恆溫冷藏，很多要花時間悉心儲藏的保存和前置作業，都不能馬虎。巡漁港、找釣客、去機場接貨，都是為了追尋美味的日常，菜單上手寫的當天限定，得來不易。

一定要有花蓮魚才開店，是楊宗儒的原則。但花蓮還蠻常遇到當天收不到好魚的狀況，雖有供貨比較穩定的定置漁場，但若同類型的魚太多也不適合，「要考量菜單的平衡和統整性，不能讓客人都一直吃白身魚或紅肉魚。」他笑著說，三天兩頭會直接宣布休假，算是有彈性也任性的幸福企業啊！部分選用日本魚貨，則是讓在地客人認識新食材，增加消費誘因，和客人討論食材是工作的樂趣之一，季節限定的好料，總讓大家眼睛發亮。

通常客人點單後，師傅會依食材口味安排出菜順序，希望每貫連接感覺不一樣，以免太相似而膩口，從清淡到濃郁，甜味放最後，同樣的魚會用不同作法呈現增加變化。每一道出餐都會跟客人說明瞭解食材。深夜食堂屬於江戶前壽司，醋飯是溫熱的，要把握剛握好的良機盡快入口。

「來店裡吃飯，會發現我真的不是愛賺錢的店，是愛聊天的店！」遇到的好房東相挺年輕人創業，減輕不少負擔，因此可以回饋到食材售價，從每貫三十元到三百元的握壽司都有（同樣食材在北部可能翻倍定價），正統日式料理也能走入市井小民的生活，吃好料但是沒壓力。楊太太兼任外場會計，同門師弟亨師傅是搭檔好夥伴，三人合力的小店，穩穩地不賺大錢但生活無虞，和美食技能相伴成長的，是日漸累積的許多友誼，就像鈴木常吉的歌聲撫慰人心。

食材供應者

花蓮／米、蔬菜（天賜糧源），蔬菜（幾位自耕小農），東方齒鰆、青花魚、竹筴魚等（幾處定置漁場），海水養殖白蝦（豐濱），季節漁獲（神祕釣客、自有漁船漁商）

外地／海膽、螢烏賊、星鰻、真鯛等（日本），季節漁獲（宜蘭大溪漁港、基隆崁仔頂漁市），箱網養殖海鱺（澎湖）

好食推薦

握壽司

壽司醋飯極注重口感，為了避免差異過大，前置作業要標準化，米量和水量都要秤重計算，從接觸水開始計時。洗米太用力搓洗會使澱粉質被淘出，煮的時候會糊掉沾黏，所以要輕輕捧洗，瀝乾也是固定時間。但即使步驟都控制好，還是會因氣候有變，所以要當天微調數據，每天要花上兩小時煮飯。

握壽司非常重視捏飯的力度，日本料理學校畢業前要考如何把飯抓得重量剛好，老師與學生捏的看起來一樣大，但若拿去秤會發現老師的比較輕爽，空氣包覆多。日式和台式壽司的差異在於，台式壽司常捏在約三十克重視飽足，日式要求是「一口」在嘴裡完美融合，沒有負擔的狀態，魚肉和飯過大就很難咬，這樣就不是品嚐而是填飽。深夜食堂設定握壽司十一克、軍艦十六克，

既有日式的清爽口感也可吃飽。

使用天賜糧源「醜美人」，米外型不好看但口感好。溫醋飯輕輕一按就會有擴散的感覺，若是冷飯就會縮成黏團狀，做握壽司最難的練習就在此，要包進空氣又不能死命壓緊。

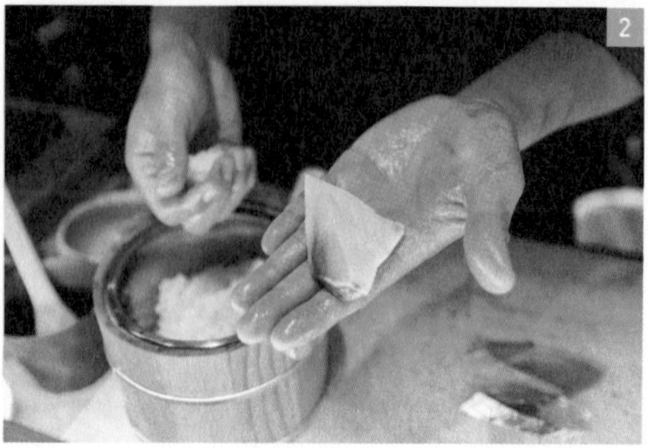

魚頭荒煮

荒煮類似台式紅燒，紅燒使用醬油、砂糖、酒，而荒煮的甜來自味醂。砂糖是柔軟劑，煮豬肉放糖可讓肉軟化，但味醂是讓肉質緊實，多用於魚類，且可去腥。台式紅燒味較粗獷，荒煮的風味較細緻。
使用真鯛魚頭，魚頭膠質很多，下巴和嘴邊肉堪稱是整條魚的精華。台灣人不愛吃魚頭因為難挑肉，若魚鱗沒弄乾淨就會影響口感。先將魚頭灑上大量鹽、強制脫水，把腥臭體液脫出，留下鮮味；然後熱水燙、將雜質和殘留鱗片沖洗乾淨。用水、醬油、味醂、清酒作為醬汁，先煮魚，再加喜歡的蔬菜如紅白蘿蔔、高麗菜等，煮到軟熟，可加少許乾辣椒提味。

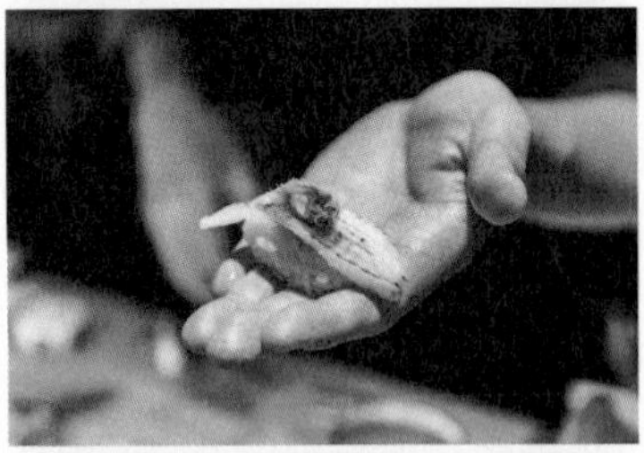

有態度的店家

鳳成商號

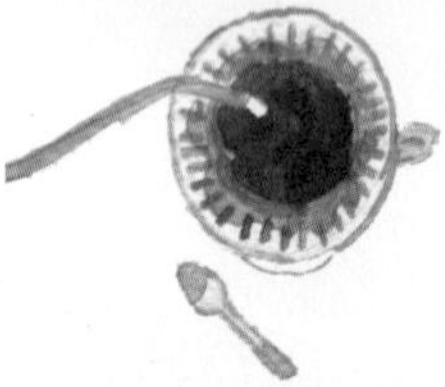

花蓮縣富里鄉車站街 7 號

一行禪師說：「一粒米，一世界。食物是大地、天空、雨水和陽光這整個宇宙的禮物。我們感謝生產食物的人，尤其是農夫、市場商販和廚師。」青年潮農陳律遠，兼有上述的多重身分。二〇一一年回到家鄉富里，整修原本父母做生意的五金行、自助餐店，家人一起經營「鳳成商號」咖啡館和「邊界．花東」民宿，保留富里人的舊回憶，也成為遊客和年輕人的新基地。

有空間就是一切的開始。在小鎮開店，陳律遠的太太董瑋苓覺得有種領頭羊般的責任感，鳳成商號成為富里青年們聚會場所，這些核心成員們實際在地工作生活，發起籌備「穀稻秋聲山谷草地音樂節」，活動期間號召出外工作就學的青年回來幫忙，已是凝聚力強大的年度盛事。

陳律遠有觀光業和咖啡師專長，笑稱不是農二代，想種出自己喜歡吃的好米，一切都得從頭學起。他的田是「東邊山的黑黏土」，屬於膨轉土綱，只有

花蓮富里和台東池上有這種厚實土壤，保肥保濕很適合水稻，曬田時裂縫特別大，充足氧氣進入有利深層稻根再生和停止分櫱，灌水後會膨脹不易流失。源頭引自吉哈拉艾百年水圳，水質清澈均溫十六度，花東縱谷日照短、溫差大，獨特的風土條件，讓口感香Q甘甜的「高雄139」米種在此發揚光大，也是後來許多冠軍米的母本。

天亮即起，六點去田裡工作，大約九點多回到鳳成商號準備開店，陳律遠轉為咖啡師身分，為客人來杯精選莊園手沖；董瑋苓用當季鮮果製作美味甜點，女兒阿燊和狗兒斑斑同樂。店裡也展售其他農友產品，儼然小市集，他說這是屬於咖啡館的微型經濟，大家相信咖啡師的味蕾選擇，愛屋及烏容易促進消費。

「農夫該是什麼樣子呢？」剛開店賣米的時候，很多客人不相信他是農夫，因為在一般消費者想像中，務農辛苦社會地位低，他希望打破刻板觀念，

和好朋友彌勒果園的黃彥儒有同感，開始設計農用工作服，下田工作可以不用穿得破舊，感覺就被尊重了。他也為去田裡幫忙與體驗的親友準備，衣服上臂章的設計概念很細膩，「數字 1978 是父親開五金行的年份，象徵農夫的鳳字畫成水圳和梯田，成字是咖啡師配有手沖壺和溫度計，加上一點一點的稻米，把自己的兩個職業形象和店名做結合。」

為了珍惜土地，陳律遠的米也通過有機認證。插秧一個月後雜草們就蠢蠢欲動，機器拔不到的地方就要靠腰力，得跪在水田裡挲草，把雜草搓進田泥裡滅頂，「莖節有毛的是稻草，沒毛的是稗草，都是禾本科長得很像，還有水針仔類的也很麻煩！」非常忙碌時朋友們會加入「草擊敗小隊」提高戰力。田土整平且讓水淹到一定高度，可以讓雜草籽接觸不到陽光空氣無法生長，但泡水太久對稻子不好，都是向老天爺和身邊農夫們合作學經驗。

有了自己的米，會思考著怎麼讓消費者知道米飯的差異呢？一般人不見得想多花錢買品質更好的米，於是他希望運用咖啡感官師所學經驗，建立清楚簡單的觀念論述米食風味；有時還會即興帶客人去田裡認識米生長的環境。他覺得目前食農教育著重在耕作過

程，卻較少教人怎麼吃。吃才能貼近生活，到產地看過後回家卻不知如何料理和品嚐，購買動力和回頭率也不會好。

陳律遠會與客人分享：好好煮一鍋飯，不加調味和配菜，飯碗端在手上聞米香，吃第一口先用味覺感受單純的飯甜，第二口再用舌頭觸覺體會米粒間的Q度和黏著力，慢慢累積自己的米飯記憶資料庫。曾接到吃過鳳成米的熟客來電詢問：「我覺得冬收新米和夏收米香氣不同，是有什麼條件變化嗎？」這表示大家對於食物風味敏銳度增加了，他也因此開始思考，氣候影響風味差異的程度有多少？讓大家認識能讓自己安心的米種，學習好好煮飯和品嚐，建立米食風味輪，是鳳成商號和邊界·花東的希望所在。

相鄰不遠的「邊界·花東」民宿，有陳媽媽遠近馳名的手路菜，只接受預約以便準備食材。她樂於跟客人分享做菜與生活，隨口提及都是好故事。以前養雞殺雞，綁好後抓緊，要用腳踩著雞腳，捏著雞脖子誠心唸禱：「做雞做鳥無了時，後擺綴人好額兒（台語，意指快快轉世到富有人家當子女）」是珍愛生命和食物的心情。來吃過飯的歌手黃建為說，陳律遠家的餐桌讓他認識很多人和故事。除了食物好吃，還有氛圍，讓人更想在此相聚。

食材供應者

花蓮／蔬果（天賜糧源、彌勒果園、鄰居分享），梅乾菜、菜脯、鹹菜（陳媽媽自製）

鳳成商號代售產品／吉林茶園、明麗自然生態農場鳳梨乾、彌勒果園辣椒醬、天賜糧源米友麵、富里農家自釀酒、東豐拾穗農場旦是柚何奈啤酒、禾餘麥酒。

好食推薦

土鍋煮飯

陳律遠研究各種鍋具，也買了家用精米機依需求選擇碾米方式，漁獲搶現撈鮮貨、咖啡豆現磨最香，當餐現碾的米更是美味。陶土蘊含豐富有機物，做炊具煮食時更有滋味。土鍋特性是能緩慢低溫加熱，讓米飯充足糊化鬆軟達到極佳口感。每次用土鍋煮飯的效果仍有些微差異，要靠經驗累積拿捏。

洗米浸泡：輕洗快撥不要搓斷米粒，水要趕快倒掉以免被米粒吸收。幾次換水到清澈，以米 1 水 0.9 的比例浸泡二十分鐘。

加熱燜煮：浸泡完成後上瓦斯爐，將兩層蓋子的氣孔呈垂直方向放置，開中大火煮滾，通常十四至二十分鐘會冒煙，見到冒煙一分鐘後關火，不開蓋燜二十分鐘即完成。若想吃鍋巴，看到鍋邊起泡，可延後三十秒再關火。

開蓋鬆飯：用切拌方式鬆飯，讓水氣散出上下層均勻分佈，小心別壓爛米粒。因土鍋本身可吸收多餘水氣，曾試過開蓋鬆飯後再悶就有點乾了，建議當餐吃完別久放。

梅乾東坡肉

認識的熟客朋友口耳相傳，都會宅配訂購這道私房好料。切塊要方正，用蔥薑米酒水燙過、洗乾淨。起油鍋，下整支蔥爆香，再下肉塊拌炒，注意不能煸得太乾，然後將肉蔥先撈出，炒冰糖，加水、醬油、蠔油、蒜頭、蔥酥等到可以淹過肉塊的量，滷到軟爛。另起一鍋用豬油炒梅乾菜，撈些滷汁過來煮到入味，才和滷肉塊組合，一起蒸三小時，做好可以分裝冷凍。

炒鹹菜

陳媽媽喜歡自己醃菜，也會傳授給民宿工作人員，又酸又黃很漂亮。

豆豉苦瓜

天賜糧源的鍾雨恩也種植溫室蔬菜，這次用的是綠色山苦瓜，刮淨內膜種籽、切薄片配豆豉炒熟，加醬油調味。

白斬雞

常見處理好全雞水煮，但陳媽媽覺得用蒸的更好吃，肉汁比較不會流失，蒸一小時左右，蒸熟後要趁熱在皮上抹鹽和酒使其吸收，滴出的湯汁可再應用，滷筍絲、炒菜、煮湯皆宜。

好食物的驗證與加工

文字——游家榕

「有機、友善、無毒」三種標示的區別

近年來，除了有機農產品外，「友善環境耕作」、「無毒農業」等農業概念也逐漸蔚為風行，提供消費者更多元的選擇，但這些名詞的差異為何？

根據農委會的定義，前二項皆強調不施灑農藥、化學肥料、資源永續利用等生產原則。最大的差異在於，「有機」是個法律上的定義，農場與產品需要經過第三方的驗證，取得標章；而「友善環境耕作」則是近年才納入法規，需接受由官方審認的團體輔導，但沒有驗證標章。「無毒農業」則是花蓮縣政府的自有品牌，後來概念衍伸成不施農藥與化肥，但未經驗證，稱「無毒」。

「有機」是個法定的名詞，農場與產品未經驗證不能稱有機

有機耕作：「遵守自然資源循環永續利用原則，不允許使用合成化學物質，強調水土資源保育與生態平衡之管理系統，並達到生產自然安全農產品目標之農業。」

二〇〇〇年農委會公告《有機農產品驗證機構輔導要點》及《有機農產品驗證機構申請及審查作業程序》，作為農民申請有機輔導、驗證的依據；二〇〇七年公佈《農產品

生產及驗證管理法》，直至二〇一八年通過《有機農業促進法》。台灣有機農業的生產、輔導與驗證已臻成熟。

「友善」雖未經有機驗證，但已納入政府保障

友善環境耕作：「維護水土資源、生態環境、生物多樣性，促進農業友善環境、資源永續利用，再來是生產過程不使用合成化學物質、基因改造生物及產品。」

仍有一群小農，雖秉持友善耕作理念，卻未必去申請有機驗證。他們不使用農藥和化學肥料、以大自然的相生相剋方式治理、減少使用人工肥料等，讓土地維持活性與多樣性。這些農法百家爭鳴，在實務及學理上，難以就「友善耕作」形成單一定義。舉例：樸門農法在乎生態多樣性，透過農業、生態、地理、能源等不同知識，運用大自然模式進行農業生產；秀明農法則依照土壤特性，連續幾年種植同樣作物，深化土壤與作物間的合作記憶，找到每種作物與土地相伴的時間與方式。

台灣有機農產品標章

環球國際驗證股份有限公司

朝陽科技大學

中華驗證有限公司

台灣省有機農業生產協會

財團法人和諧有機農業基金會

成大智研國際驗證股份有限公司

台灣寶島有機農業發展協會

慈心有機驗證股份有限公司

財團法人中央畜產會

暐凱國際檢驗科技股份有限公司

財團法人國際美育自然生態基金會

采園生態驗證有限公司

台灣有機農產品的包裝上，必須有政府的有機農產品標章（左上一），也應會出現驗證機構的標章（以上為舉例）2020年7月31日止台灣有14家驗證機構，由於驗證機構與標章逐年有更替，最新資訊請至「農糧署全球資訊網」查詢。

二〇一七年通過《友善環境耕作推廣團體審認要點》，對實行友善環境耕作但沒有申請有機驗證的小農，也能提供資源。由經過農委會審認過的「友善環境耕作推廣團體」來輔導與稽核參與的農友，政府持續追蹤推廣團體的運作，並對其友善耕作農友進行稽核及產品抽驗，以確保消費者權益。自推廣以來，全國友善耕作的面積已達1423公頃。花蓮目前有三個推廣團體：「花蓮縣吉安鄉農會」、「花蓮縣樸門永續生活協會」以及「花蓮縣富里鄉農會」。

「無毒農業」成為花蓮農業品牌

是花蓮縣政府自二〇〇四年起推出的花蓮農業品牌，以不施灑農藥、化學肥料為基礎，協助農友建立產品履歷、檢測驗證等無毒生產機制。縣政府近年來也積極協助，透過無毒農業行銷推廣網、各地農會，讓畜產、農產、漁產等，透過產地輔導、生鮮處理運送等方式，將花蓮的無毒農業產品行銷全國。

有機農產加工的條件

台灣地處亞熱帶高溫濕熱、病蟲害多，農耕技術優異廣受國際肯定與效法，在台灣種植有機與友善農作物更屬不易，農友們仍承擔著不同的風險，例如作物製成加工品可增加收入，但因政府對於食品深度加工的安全和風險設有一定門檻，目前僅放寬農民初級加工限制。這些，都是相關公單位與農友們持續在合作克服的議題。

加工品可避免浪費食材並增加收入

有機種植不僅需要面對較高的成本與風險，也須面臨有機市場逐漸飽和的現況。許多農友會將有機農作物簡單加工，增加保存期限。以花蓮為例，以稻米生產為主的四季耕讀農園，因應市場上越來越多有機米，於是另投資設立米食有機加工廠，以各式米食加工品作為品牌特色。宇還地有機農場主要以網路經營客群，玉米當天採收後即寄出，然而開放下單後的十天玉米就過熟了，沒辦法出貨的玉米就委請有機加工廠磨成玉米粉，成為可保存較久的商品。

初級加工的法規放寬

二〇一九年底通過《農產品加工及驗證管理法》修正草案，提供小農於農地加工的法源，允許小農做初級的食品加工。例如：有機農能自行使用磨碎、烘乾等方式製作果乾和穀粉，這大大的改善了小農遇到產量過剩時的困擾。往後，農產品初級加工場將交由農政單位發證，讓初級加工回歸對小農較為熟悉的農委會管理。未來符合生產規範的小農，若順利取得加工執照，便可以販售初級加工農產品，提高農友收入。

協助農友朝向有機加工品發展

不過，依照法規，小農若希望加工品是「有機農產品」，仍須有第三方的有機加工驗證。有機加工驗證除了百分之九十五的原料是有機農產品外，特定的添加物（如防腐劑）是無法使用的；除此之外，農產加工的工廠也需要有機驗證。所以對一般小農而言，門檻偏高。花蓮縣目前僅有兩間通過有機驗證的農產品加工廠，主要進行各種農作物加工、代工及茶包製作等服務。

花蓮農改場在《農產品加工及驗證管理法》修正草案通過之前，先於二〇一八年底成立「農產品加值打樣中心」，免費提供乾燥、粉碎及焙炒三項初級加工技術，初期目的是讓農友累積製作加工品的經驗、評估是否適合商品化量產；未來可能會延伸服務範圍，進行加工品的包裝設計與市場行銷等面向的媒合工作。

吃不只是吃，食物的療癒力量

文字——丘國鋒

有時我們吃下食物，會感受到力量、滿足、幸福，能瞬間擺脫生活中的壓力與煩惱。食物具有療癒效果，但究竟什麼是療癒？這樣的療癒又是如何發生的呢？簡單來說，療癒指的是人離開痛苦與難受經驗，漸漸感到舒緩與放鬆的過程。以下將透過各種觀點來解釋食物是如何帶我們離開痛苦，並帶來美好的經驗感受。

生理機制

身體因為缺乏營養而產生疾病與疼痛時，最有療效的方法當然是進食，讓食物中的營養素去支持與修復，當身體開始療癒與復原時，心理感受也會隨著變化。像是邦查有機農場推薦的「野菜湯」，均衡多樣的食物就會是最好的良藥。

以演化論觀點而言，現代人吃甜食、高油脂等高熱量食物時會感到愉悅，是因為祖先吃高熱量食物較能將熱量存於體內，度過寒冬、飢荒等生存危機，這樣的基因就被保留下來了，所以「吃高熱量食物會感到愉悅」是我們的天性啊！若從另一個角度以腦神經科學理解，會發現嗅覺神經與負責掌管情緒的邊緣系統，有相當緊密的關聯，所以氣味能直接影響人的情緒，例如喝杯健草農園的新鮮花草茶，或許能讓身心感到舒緩。

●療癒飲食小技巧：選擇多樣與均衡的食物，遠離高氧化高負擔的食物。讓身體每一個部位所需要的營養都被照顧到，便能感受到身心的舒緩與輕安。在情緒相當憂慮悲怒時，適量地吃一些甜食，也可協助調解與安撫負面情緒。

喚起記憶

與嗅覺神經緊密相關的邊緣系統，也掌管著記憶功能。當我們聞到某些氣味時總會喚起相關的回憶；想到某些事情時，好像也能聞到當時的氣味。例如：有些味道會讓我們想起與某人相處的經驗，可能是過年時家人端上桌那盤熱騰騰的菜、與初戀情人一起在街邊吃的小吃，又或像是吃到四季耕讀農園所製作的節氣慶典食物，春節的蘿蔔糕、端午的粽子、歲末的湯圓，總會想到在那些特別的日子與家人的相處。這些美好記憶與畫面隨著氣味浮現在眼前，鬆動近日苦悶已久的生活，而能再次獲得力量。

●療癒飲食小技巧：試著回想，是否有誰曾讓你感受到深深的關愛？接著再想，想到這位關愛你的人時會想到什麼樣的食物？接著邊吃著這分食物，邊回憶與這個人相處的種種美好。食物的味道會讓人覺得，這個重要人此刻彷彿真實地在身旁陪伴著。

豐富感受

食物本身也能帶來豐富的感受，會讓我們經驗到這個世界的美妙。吃到美食會覺得療癒，關鍵是細緻與多層次的表現，外型、口感、香氣、味道細緻地刺激著人們的感官，吃的過程感受到不斷變化的經驗。其實每分食物都能瞬間變成美食，不須對食物施展任何魔法，只需揣摩花蓮．深夜食堂主廚楊宗儒那般，對食物極度專注的職人精神，又或是鳳成商號陳律遠用咖啡師的態度來品米。或可稱為正念飲食，指的是靜下來，細細慢慢地與每一口食物接觸，觀看它的每個角度紋理，嘗試嗅聞分辨有哪些氣味，感受食物從入嘴到入喉的口感、溫度的變化，也覺察自己身體的變化。吃每口食物都想像是生平第一次遇見食物，對它產生無比的好奇。透過正念飲食，打開所有的感官，日常的食物或簡單的食材，都能帶來無比豐富與美妙的經驗。

●**療癒飲食小技巧：**準備任何的食物，選擇一個安靜不被打擾的時段與地方，也遠離手機。盡可能緩慢且專注地觀看、夾起、嗅聞、咀嚼、品嚐食物，感受食物帶來豐富美好的感覺。一開始可能會有些煩躁不耐與分心，深呼吸幾次後，再試著讓自己專注在食物上。

建立關係

在人類生命最初的時候，就是透過食物與別人建立關係，母親哺乳餵養著嬰兒，嬰兒在喝奶的過程中感受到被愛與被滋潤。母親也在餵養的過程中，看到孩子滿足的笑容，感受到自己是有愛與照顧的能力。透過食物建立緊密關係，當然不限於母嬰之間，孩子的成長過程也會被許多人餵養。我們有時也會嘗試親手為所關心的人做料理，味道好壞是其次，吃的人也總能從中感受到一份心意。又或是會請遠道而來的朋友吃頓便飯、向飢餓當中的人分享食物、吃到好吃的食物時買一些分給親友。從伍佰戶社區共食的餐桌上，也能看出人們是如何透過食物建立關係，結交朋友；伍GO農的夥伴們在務農結束後，會聚在一起吃些東西分享工作與生活。我們習慣透過分享食物去表達對他人的情感，也總能在獲得食物時感受到被愛與關心。

●**療癒飲食小技巧：**為你在乎的人做一道料理，無須多精緻美味，切一盤水果也可以。重點在於準備的過程，邊想著要對這位在乎的人表達的感謝與祝福。當食物交到他手上時，也將能感受到你的用心。

實踐理念

買什麼食物、吃什麼食物、怎麼料理食物其實都是可選擇的行為，而這些皆是反映與實踐著這個行為人的理念與價值。有人選擇友善農法種植，是因為相信如此才不會過於傷害土地環境；慶錩牧場的陳嘉勳選擇友善養殖，是因為他對於動物付出生命有著無限的尊重與感激；彩虹魚創意烘焙教室的王智珉做烘焙時避免添加物，是因為希望吃到食物的人都能獲得健康；天賜糧源的鍾雨恩參與大米缸計畫，是因為他希望可以照顧與支持這土地上的人。當我們基於自己所信奉的理念，從事種種有關食物的行為時，會意識到正在實踐某些價值，會覺得自己是個有理念的人，因此敬重自己，也感到驕傲。

●**療癒飲食小技巧**：每周或每月省下一些娛樂與治裝費，去消費支持可能價格較高，但卻含有你所崇尚價值的食物，例如友善土地的食材、庇護工廠生產的產品。試著去瞭解產品背後的故事，將會意識到自己的小小行為，也深富意義。

生態靈性

靈性是能感受到這個世界的脈動，能欣賞、憐憫每一個生命，並對於這一切感到感激。作為食物的植物、動物、菌類跟人類一樣同屬於地球生態的一分子。透過光合作用、消化吸收、細菌分解、水循環等一連串作用，世世代代一起促成了世界的運轉。光合作用農場運用ＢＤ農法正是生態靈性的最佳體現，每個生命個體內的分子會在個體間不斷地流傳著，就像是生命共同體。當能覺察到這件事，我們會不再害怕死亡，因為肉體會化作生命的養分，生生不息。又像是采菊園的廖美菊老師總會對生物與生命們感到驚嘆，我們也會因為聞到柚花的香味、看到稻穗的搖晃而對於世界的寬廣感到興奮。透過栽種、料理、進食，我們能與其他生命切身接觸，而經驗到或想起我們一直都是世界的一部分。

●**療癒飲食小技巧**：在吃食物之前，試著想像這些生命在農田裡或大海裡的生長過程，經過了幾些歲月，成為食物滋養我們。試著表達感謝並承諾，會如何好好珍惜與使用它們所提供的能量。

食物就是如此美好，當知道食物療癒的原理後，就讓我們透過下一次的用餐來好好的療癒自己、撫慰他人吧！

到花蓮，來一趟「身土不二好食物」之旅吧！

文字——楊庭嘉

農業的目的不是大量生產，而是滋養生命。我們瞭解食物的來源、認識它連結的風土文化與人情，就越能善用選擇食物的權利。

吉安 明淳有機農場

● 常態活動：農夫日常農事體驗（半日的農田工作，種植、除草、採收，農田中的大小事）

● 季節活動：作物採收體驗（馬鈴薯三月至四月、水果玉米七月至八月、蔬菜種植或採收十一月至一月）

壽豐 四季耕讀農園

● 常態活動：米食加工品 DIY（湯圓、腸粉、米苔目、米味噌、蘿蔔糕、芋粿巧等）

壽豐 伍 GO 農

● 常態活動：農田除草（除草可換農產，農田知識分享）

● 季節活動：作物採收（馬鈴薯二月、毛豆五月至六月、花生六至七月、紅豆約年底）作物種植（馬鈴薯十月）

鳳林 采菊園生態農場

● 常態活動：農人課程（小班制，從生物學的角度認識自然）加工學習（酸筍製作約夏季、破布子七月上旬）

● 季節活動：季節採果（薑黃一至三月、梅子四月清明前後、洛神花十一月至十二月）

瑞穗 宇還地有機農場

● 常態活動：農場生態導覽（漫步在農田、作物栽培管理解說）

戀戀香氛 DIY（擴香石製作，放在精緻木盒中）醋進健康 DIY（自製浸泡醋，香草、檸檬、柚子、百香果等，風味各有特色）抗菌香氛液體皂（使用天然椰子油搭配農場萃取茶樹、檜木、柚花等純露製作）

● 季節活動：蜜蜂導覽（春、秋季，蜜蜂生態及蜂巢採收講解，品嚐蜂蜜口香糖）探索綠寶石（二月至四月，南瓜網室導覽，採摘與醃漬南瓜幼果）尋訪紅寶石（十月至十一月，洛神花種植解說，採摘並製作蜜餞）

瑞穗 彌勒果園

● 常態活動：我的一畝田，荒田變菜園（實際

身土不二 從吃開始
粉絲團

操作做畦、施肥、蔬菜種植、除草到水分餵養）
天然水果爆爆珠 DIY（使用園內季節水果果汁製成天然珍珠，好玩又好吃）
老奶奶檸檬蛋糕（使用園內種植的檸檬或香丁，零失敗製作獨特風味的糕點）
葉拓 DIY（認識花草，使用園內各種適合葉拓的植物妝點實用小包）
●**季節活動**：輕鬆採果趣（芭樂與山蘇為全年、香丁二月中至四月底、紅江橙與美人柑十一月至一月）

瑞穗 吉林茶園、Ba han han non 好茶咖啡工作室

●**常態活動**：PRO 級茶職人體驗（採茶、體驗製茶流程、品茶，並可帶回自己所製作的茶葉）
遊嬉茶園（茶園與茶廠導覽、製茶流程解說、品茶）
品茶時光（認識茶葉製成的差異、發酵度的掌握、溫濕度的拿捏等，沖泡並品嚐）
酸柑茶體驗（茶園與茶廠導覽解說、酸柑茶製作，可帶回一顆檸檬酸柑茶）
蜜香紅茶珍奶體驗（茶園與茶廠導覽解說、蜜香紅茶珍奶製作並品嚐）
●**季節活動**：瑞穗咖啡園導覽解說（十一月中至三月初，咖啡園漫步、介紹咖啡文化與種植、烘焙製作流程以及品咖啡）

光復 太巴塱 Ina 好野味 SEFI

●**常態活動**：野菜走讀去（實際走入 Ina 的菜園，認識各種野菜、野菜採集與獨特烹調方式）
《你要回來了嗎？》立體書製作（透過此認識部落環境及年祭準備，翻轉刻板印象）
●**季節活動**：認識箭筍（一月至四月，採訪箭筍生長地、辨識傳統食用植物，享受傳統煮食）
釀酒工作坊（夏季，認識釀酒植物，體驗洗米、煮米、釀酒並品嚐）

光復 邦查有機農場

●**常態活動**：神農嚐百菜（農場導覽，認識各種野菜與生態，野菜煮食方法大破解）
巧手 DIY（使用農場自產有機黃豆，體驗豆製品加工過程，如味噌、豆腐、豆漿）
●**季節活動**：螢火燎原（三月中至四月，認識生態與作物、豆製品製作、賞螢火蟲、野菜採集及品嚐）
夏日慶豐年（約八月，農場導覽、豆製品製作、部落豐年祭體驗、野菜採集及品嚐）

玉里 織羅米八六團隊

●**常態活動**：部落巡禮（認識在地產業、宗教文化、飲酒文化，探訪齊柏林大腳印與祈禱樹）
部落 Ina 的味道（品嚐米食與阿美族當季野生蔬食）
米彩繪體驗（使用部落種植的各種米，拼疊成創意米彩繪，做成伴手禮帶回家）
情人袋 DIY（實用情人袋製作，有數種編織製作方式）
部落藝術文化導覽（拜訪藝術家優席夫的部落皇后咖啡館、藝術原作導覽、欣賞田園風光）
●**季節活動**：葛鬱金採收體驗（十二月至四月，認識葛鬱金，DIY 行程有葛鬱金製粉、雪花糕、果凍）
傳統捕魚撒八卦網體驗（夏季，秀姑巒溪生態導覽，體驗傳統阿美族撒網捕魚）
金多兒筍採收體驗（六月至十一月，前往金多兒筍園區認識作物與採摘）
稻田腳印餐桌（十月至十一月，在織羅的稻田中，品嚐自然的原味，感受食物的靈魂）

富里 天賜糧源

●**常態活動**：稻米體驗行程（聽稻米的故事、碾米加工體驗、瞭解選米法則，並且把米帶回家）
●**季節活動**：割稻體驗（六月中至七月中、十一月至十二月中）
插秧體驗（一月底至二月中、七月中至八月中）

說明：所有活動均採預約制，可上網查各單位聯絡資訊，或掃描「身土不二 從吃開始」粉絲團 QR Code 掌握最新動態。

Taiwan Style 63

身土不二，從吃開始
尋找善待人與土地的好食物

作者　寫寫字採編學堂
統籌　王玉萍
撰文　王玉萍、王秀如、丘國鋒、吳佳儒、林瑾瑜、林靜怡、梁皓怡、陳琡分、張瀚翔、游家榕、彭佳汶、黃美燕、黃怡華、黃薪蓉、楊庭嘉、鄭佩馨、劉光容、盧怡安
實習編輯　丘國鋒、游家榕、楊庭嘉
攝影　林靜怡
插畫　王心怡、黃薪蓉
圖片提供　光合作用農場、種子野台、花蓮區農業改良場、吉林茶園、翁嫵婷、織羅米八六團隊、天賜糧源、裏物文化有限公司、鄭崴文、侯孟佳、宇還地有機農場、盧怡安、伍佰戶社區

編輯製作　台灣館
總編輯　黃靜宜
行政統籌　張詩薇
特約主編　王玉萍
美術設計　陳文德
行銷企劃　叢昌瑜

發行人　王榮文
出版發行　遠流出版事業股份有限公司
地址　台北市 100 南昌路二段 81 號 6 樓
電話　(02) 2392-6899
傳真　(02) 2392-6658
郵政劃撥　0189456-1
著作權顧問　蕭雄淋律師
輸出印刷　中原造像股份有限公司

ISBN　978-957-32-8859-6
出版　2020 年 9 月 1 日 初版一刷
定價　399 元

YLib 遠流博識網 http://www.ylib.com E-mail:ylib@ylib.com

國 家 圖 書 館 出 版 品 預 行 編 目 (CIP) 資 料

身土不二，從吃開始：尋找善待人與土地的好食物 /
寫寫字採編學堂著 . -- 初版 . -- 臺北市 : 遠流 , 2020.09
面；　公分 . -- (Taiwan style ; 63)
ISBN 978-957-32-8859-6(平裝)

1. 永續農業 2. 環境保護 3. 食物

430.13　　109011714